Joachim Illies

in der Herderbücherei

Christa Meves / Joachim Illies
Lieben – was ist das?
Ein Grenzgespräch zwischen Biologie und Psychologie
Band 362 · · 128 Seiten, 9. Aufl.

Für eine menschenwürdige Zukunft
die gemeinsame Verantwortung von Biologie und Theologie
Band 432 · · 128 Seiten, 4. Aufl.

Die Sache mit dem Apfel
Eine moderne Wissenschaft vom Sündenfall
Herausgegeben von Joachim Illies
Band 447 · · · 176 Seiten, 3. Aufl.

Umwelt und Innenwelt
Bewußtseinswandel durch Wissenschaft
Band 487 · 128 Seiten

Zoologeleien
Band 502 · 128 Seiten, 2. Aufl.

Biologie und Menschenbild
Band 526 · · 128 Seiten

Christa Meves / Joachim Illies
Mit der Aggression leben
Band 536 · · 128 Seiten, 2. Aufl.

Christa Meves

in der Herderbücherei

Christa Meves / Joachim Illies
Lieben – was ist das?
Ein Grenzgespräch zwischen
Biologie und Psychologie
Band 362 · · 128 Seiten, 9. Aufl.

Manipulierte Maßlosigkeit
Psychische Gefahren im technisierten Leben
Band 401 · · 140 Seiten, 15. Aufl.

Wunschtraum und Wirklichkeit
Lernen an Irrwegen und Illusionen
Band 433 · · 160 Seiten, 7. Aufl.

Die Bibel antwortet uns in Bildern
Tiefenpsychologische Textdeutungen
im Hinblick auf Lebensfragen heute
Band 461 · · 160 Seiten, 6. Aufl.

Ehe-Alphabet
Band 485 · · 128 Seiten, 7. Aufl.

Kinderschicksal in unserer Hand
Erfahrungen aus der psychagogischen Praxis
Band 501 · · 160 Seiten, 3. Aufl.

Freiheit will gelernt sein
Band 517 · · 144 Seiten, 2. Aufl.

Christa Meves / Joachim Illies
Mit der Aggression leben
Band 536 · · 128 Seiten, 2. Aufl.

Herderbücherei

Band 554

Über das Buch

Herzverpflanzung, Mondfahrt, die Pille danach, päpstliche Enzyklika, künstliche Befruchtung, – dazu die Bestseller vom „sogenannten Bösen" (K. Lorenz) und vom „nackten Affen" (D. Morris): das waren die Themen, die noch vor wenigen Jahren uns alle bewegten und zu denen dieses Buch Stellung nahm. „Wissenschaft als Heilserwartung" wurde zum Schlagwort bei der Diskussion dieser Entscheidungsfragen der Menschheit, um die es heute bereits wieder still geworden ist, weil neue Ereignisse, neue Möglichkeiten der Manipulation, sie überdecken. Aber müssen wir nicht zurück zur Bewältigung jener Fragen, die damals auftauchten? Dürfen wir verdrängen, wie wenig wir ihnen gewachsen waren und zugleich hoffen, denen unserer Tage besser gewachsen zu sein? Ist das der Fortschritt, daß uns die unbewältigten Probleme über den Kopf wachsen?
Unsere jüngste moralische Vergangenheit liegt nach wie vor unbewältigt hinter uns und erschwert jeden Schritt durch die Gegenwart in die Zukunft. Daher soll dieses Buch in neuem Gewand neue Leserkreise ansprechen und aufrufen zum Nachdenken über unsere gefährdete Position zwischen Furcht und Hoffnung.

Über den Autor

Joachim Illies, geboren 1925, Studium der Biologie in Göttingen und Kiel; Professor für Zoologie an der Universität Gießen und Leiter der Außenstelle eines Max-Planck-Instituts in Schlitz/Hessen, verheiratet und Vater von vier Kindern. Zahlreiche Vorträge, Zeitungsartikel und Rundfunksendungen aus dem Grenzgebiet der Biologie und Philosophie. Neben wissenschaftlichen Fachveröffentlichungen folgende allgemeinverständliche Bücher: Adams Handwerk (Furche, 1967), Noahs Arche (Kosmos, 1968), Wissenschaft als Heilserwartung (Furche, 1969), (mit Christa Meves) Lieben – was ist das? (Herder, 1970), Die Affen und wir (ro-ro-ro-tele, 1970), Zoologie des Menschen (Piper, 1971), Feigenblatt und Lorbeer (Schünemann, 1971), Hoffnung auf die Naturwissenschaft? (Die Waage, Zürich, 1972). Für eine menschenwürdige Zukunft (Herder, 1972), Die Sache mit dem Apfel (Hrsg.; Herder, 1972), Anthropologie des Tieres (Piper, 1973), Umwelt und Innenwelt (Herder, 1974), Zoologeleien (Herder, 1974), Nicht Tier – nicht Engel (Fromm, 1975), Biologie und Menschenbild (Herder 1975), (mit Christa Meves) Mit der Aggression leben (Herder 1975).

Joachim Illies

Der Mensch zwischen Furcht und Hoffnung

Wissenschaft als Heilserwartung

Herderbücherei

Taschenbuchausgabe, übernommen aus der
Reihe „Stundenbuch" (Furche-Verlag)

1. Auflage (Furche) März 1969
2. Auflage (Furche) Mai 1970
3. Auflage (Herder) Februar 1976

Herder Freiburg · Basel · Wien
Freiburger Graphische Betriebe 1976
ISBN 3-451-07554-7

Inhalt

Vorwort

Das große Bild des ersten Schöpfungstages wiederholt sich in der Geschichte unseres Geistes. Wie ein heller Blitz fuhr der Verstand des Menschen in das Chaos, das ihn wie das Dämmern eines Urwaldes umhüllte und barg. Da er erwachte und sich mit scharfem Schwert den eigenen Weg durch das Dickicht bahnt, schafft er – und er allein unter allen Lebewesen – das Licht des vom Verstand erhellten Vordergrundes und schafft damit zugleich die Finsternis des Weltenhintergrunds, in den kein Lichtschein dringt. Alle Hoffnung und alle Enttäuschung liegen von nun an auf diesem Wege, wo unser Verstand die Fackel voraus-trägt durch die Nacht. Was wir verstehen, was die Wissenschaft beleuchtet bei ihrem immer schnelleren, immer tiefer führenden Gang in die Welt, das ist sicherer Besitz, der zugleich beruhigt und berauscht. Was aber ins Dämmern zurückweicht vor diesem Lichtschein, das lockt um so stärker als Ziel und bestürzt um so tiefer in seiner Unbegreiflichkeit. Ist die Wissenschaft auf dem Wege zum Heil, ist sie es gar selbst schon, oder narrt uns ein Irrlicht und führt uns im Kreise?

Als die ersten Wissenschaftler auf schwankendem Grund ihren Marsch auf die Wahrheit antraten, waren sie Rebellen gegen die bestehende Ordnung, gegen offenbarte Gewißheiten, gegen die Kirchen und gegen deren Götter. Kehrt sich nun dieses große Geschehen um, greifen die Forscher nun nach Jahrtausenden prometheischen Forschens und Ringens nach dem Erbe der gestürzten Götter, so daß die letzten Hüter der Offenbarung zu Rebellen werden gegen die Wissenschaft?

Das Feld, in dem sich diese Fragen lösen und auf dem dieser

Kampf um unser Heil entschieden wird, sind wir selber. Mit dem ungeheuren Tatsachenmaterial der modernen Wissenschaft und mit den ungeahnten Möglichkeiten der modernen Technik besitzen wir die Quellen für unser geistiges und körperliches Wohlergehen, ja wir stehen fast geblendet vor einer Zukunft, die uns mit Weltraumfahrt, Sieg über Krankheit und Tod, mit Freiheit von Not und Schmerzen das Heil schon für unser Hier und Heute verheißt. Und doch warnt ein tiefes Grauen den einzelnen und die Gesellschaft vor den fast unvermeidbaren Gefahren dieser neuen und selbst erschaffenen Welt des Menschen, und ein offenbar unausrottbarer Rest religiösen Glaubens kündet jedem, der leise Töne noch vernimmt, ganz unbeirrbar von einem Heil, das jenseits unseres Wissens und Könnens liegt.

So sind wir aufgerufen zur Entscheidung, die Mündigkeit und Reife von uns fordert wie nie zuvor von einer Generation. Wir werden solche Entscheidung aber nur leisten können, wenn wir – mitten in unserer wissenschaftsgläubigen Welt – nach dem Grund unserer Heilserwartung fragen und wenn wir dabei die Wissenschaft sowohl wie den Glauben auf ihre Tragfähigkeit prüfen.

Aus dem Bemühen um prüfende Selbstbesinnung und um kritische Durchleuchtung unserer Welt ist dieses Buch entstanden. Möge es dem Leser nützen, der zu gleichen Zielen unterwegs ist.

Schlitz *Joachim Illies*

Warten auf Bedford

Bedford wird nicht wiederkommen, er ist tot. Wir haben zu seinen Lebzeiten nichts von diesem amerikanischen Professor gewußt, und wenn er nun zu kurzer Berühmtheit gelangte, so allein deshalb, weil ein letzter Zweifel blieb, ob sein Tod ein endgültiges, unwiderrufliches Ende des Lebens war, ein Sterben von der Art, wie wir alle es erleiden müssen, oder ob ihm der große Plan gelang, den Tod in vorletzter Stunde zu überlisten und nach langem, tiefgekühltem Schlaf in einer Gefriertruhe sein allerletztes Stündlein in der Generation unserer Enkel nachzuholen.

Könnte Bedford denn überhaupt wiederkommen? Lohnt es sich für uns, auf ihn zu warten? Oder müßten wir uns selbst zu jahrhundertelangem Tiefkühlschlaf betten lassen, um ihm zu begegnen in jener fernen Zukunft, in der die Kunst des Auftauens gefrorenen Lebens perfektioniert ist und eine fortgeschrittene Medizin alle jene Fälle behandelt, die von den Urgroßvätern als seinerzeit unheilbar auf Eis gelegt worden waren?

Der Wunsch ist alt. Wie könnte es anders sein, als daß der Mensch im Traum die Last der Erde und die Schwere des Todes abzuschütteln sucht, um als Ikarus zum Himmel zu schweben oder gar als Herakles unsterblich zu werden. Es ist die letzte, kühnste aller Verlockungen, wegen der ein zürnender Gott der Genesis unseren Stammvater aus dem Paradiese trieb, „daß er nicht ausstrecke seine Hand und breche vom Baum des Lebens und esse und lebe ewiglich“.

Solche Wünsche ragen aus magischen und mythischen Zuständen des menschlichen Bewußtseins herüber in unser rationales Zeitalter. Kein Zaubertrank, kein Beschwörungswort, aber vielleicht die Kunst der Wissenschaft, die handwerkliche Geschicklichkeit der Zauberkünstler unserer Zeit, könnte doch ein solches Stillestehen der Zeit bringen, ein solches Aufschieben des Unaufschiebbaren! Und selbst wenn wir solche erlistete Zeit nicht wie Tannhäuser im Venusberg und bei heidnischen Freuden, sondern im tiefen Schlafe zuzubringen hätten – wäre es nicht ein Gewinn?

So ist denn auch Dr. James H. Bedford, der seit Anfang 1967 in einem medizinischen Laboratorium in Phoenix/Arizona bei minus 196 Grad Celsius aufbewahrt wird, nicht der erste, der sich anschickte, seine amerikanischen Landsleute und den Rest der Menschheit um einige Generationen zu überdauern. Schon vor rund 80 Jahren einmal hielt eine ähnliche Sensation die Welt in Atem. Damals hatte sich der im Jahre 1857 geborene, an Schlaflosigkeit leidende junge Herr Julian West aus Boston am 30. Mai 1887, einem Montag, im geräuscharmen Erdbunker seines Gartens zur abendlichen Ruhe begeben, die er jedoch nur schwer erlangen konnte, so daß er sich nach seiner Gewohnheit von Dr. Pillsbury, einem Professor des „tierischen Magnetismus", einschläfern ließ. Diese Einschläferung erwies sich als von nachhaltiger Wirkung: das Haus des Herrn West brannte in der gleichen Nacht, von ihm unbemerkt, bis auf die Grundmauern nieder. Dr. Pillsbury war nach seiner letzten Amtshandlung unbekannt verzogen, und alle Angehörigen glaubten den Eingeschläferten im verbrannten Hause ums Leben gekommen. Man fand ihn jedoch sehr viel später unversehrt wieder auf, und der inzwischen fortgeschrittenen Kunst der Ärzte gelang es, ihn zu erwecken. Das geschah im Jahre 2000, und in seinem „Rückblick aus dem Jahr 2000" hat Julian West den Zeitgenossen von seinen Erlebnissen in einer herrlichen, vollsozialisierten Welt der Zukunft berichtet.

Dieser utopische Roman des Schriftstellers Edward Bellamy, noch um die Jahrhundertwende ein Bestseller, ist heute fast ebenso vergessen wie Mesmers tierischer Magnetismus, das Lieblingskind des pseudowissenschaftlichen Wunderglaubens jener Zeit. Dafür wird unsere Generation von einem nie vorher gekannten Vertrauen in die Wissenschaft und ihren Fortschritt getragen, und wo sich solches Vertrauen mit persönlichen Hoffnungen trifft, ist der Boden bereitet für einen experimentellen Schritt zur Überwindung des Todes, als dessen Denkmal Bedfords tiefgekühlter Leichnam die Jahre überdauern wird.

Denn wenn es richtig ist, daß Hoffnung schon als winziger Funke wärmen kann, so wird solche wärmende Zuversicht von der Wissenschaft unserer Tage durchaus geliefert. Die moderne Naturwissenschaft muß zugeben, daß das Überdauern langer Zeiträume im Tiefschlaf einer künstlichen Konservierung bei lebenden Wesen grundsätzlich möglich ist. Solcher Tiefschlaf mit herabgesetzter Stoffwechseltätigkeit wird als Unterkühlungstechnik in der Medizin bereits verwendet, wo es in entscheidenden Phasen einer Operation nötig ist, bei lebenswichtigen Organen für kurze Zeit die normale Blutzufuhr zu unterbrechen. Doch wird eine Unterkühlung, die länger als einige Minuten andauert, zu einem tödlichen Eingriff in den Lebensablauf, wie man aus zahlreichen Fällen weiß, in denen Schiffbrüchige für einige Zeit im kalten Wasser des Eismeeres trieben. Sie sind auch bei sorgfältigster Erwärmung und Pflege nicht mehr zu retten.

Wie sollte es anders sein bei unserer Organisation als hochentwickelte Warmblüter, als Lebewesen, deren innere Funktionen darauf eingestellt sind, bei Körperwärme von etwa 37° zu verlaufen? Allerdings gibt es Warmblüter, wie Bär und Igel, Hamster und Fledermaus, die einen Winterschlaf halten, bei dem die Körpertemperaturen auf wenige Grade über Null sinken. Weiter abwärts auf der Stufenleiter tierischer Evolution, im Bereich der Wechselwarmen, finden sich bei Amphibien und Fischen manche Beispiele dafür, daß die Eigenwärme sogar bis zum Gefrierpunkt absinken kann und der Körper in tiefer Starre einen Zustand erreicht, in dem das Leben sozusagen stillsteht. Karpfen und Frösche können im Eis eines winterlichen Teiches einfrieren und so die ungünstige Jahreszeit überstehen. Nach dem Auftauen setzen ihre Lebensfunktionen voll wieder ein, denn die Flüssigkeit in ihren Körperzellen war wegen der in ihr gelösten Salze auch bei Temperaturen wenig unter Null noch nicht zu Eis kristallisiert. Es gibt aber Insekten und andere niedere Tiere, denen schließlich auch solche Temperaturgrade nichts anhaben können, bei welchen jede Körperflüssigkeit zu Eis erstarrt. Unser Frostspanner, ein kleiner, einheimischer Schmetterling, ist sogar darauf angewiesen, daß sein Körper für einige Zeit zum harten Eisstück erstarrt: ohne solches Durchfrieren im Puppenstadium kann sich der Falter nicht entwickeln.

Doch bleibt der Flüssigkeitsgehalt der Lebewesen, jene etwa 80% ihres Gesamtgewichtes, die als Wasser in der Lösung der Zellsäfte und in allen anderen Organen enthalten sind, das Hauptproblem für eine Reduzierung der Lebensvorgänge. Solange es als Lösungsmittel die einzelnen Komponenten der Materie im Organismus in Kontakt zueinander bringt, laufen alle jene Prozesse ab, deren Gesamtheit wir biologisch das Leben nennen. Nur wenn ein Tier es vermag, das Wasser weitgehend aus seinen Geweben zu entfernen, darf es hoffen, in einen Zustand stark verringerter Stoffwechseltätigkeit zu gelangen, in dem es der Zeit spotten könnte; wie etwa das Weizenälchen, ein winziger Fadenwurm, der im Inneren des reifenden Getreidekorns lebt, mit diesem trocknet und dann als ausgedörrte und staubtrockene Mumie viele Jahre überdauern kann. Auch ein höher organisierter Wurm, der Blutegel Ozobranchus, der auf asiatischen Schildkröten parasitiert, beherrscht diese Kunst und überlebt so die Perioden, in denen sein Träger dem feuchten Sumpf entsteigt und ein ausgedehntes Sonnenbad nimmt: er verliert dabei bis zu 80% seines Gewichtes und schrumpft zu einem winzigen, trockenen Rest zusammen. Man hat solche linsengroßen Blutegel-Mumien in Tüten aufbewahrt, mit Luftpost verschickt, monatelang in Eisschränken gehalten: bei Benetzung mit Wasser schwellen sie auf wie japanische Wunderblumen, nehmen ihre frühere Größe wieder ein und setzen ihr Leben fort, wo sie es abgebrochen hatten.

Gelingt es, das Wasser gänzlich aus einem Organismus zu entfernen, so daß die organische Materie ohne Lösungsmittel in enger Packung beieinanderliegt, so wird das Leben, das uns sonst stets als ein Prozeß erscheint, völlig auf einen Zustand materieller Qualität, auf ein Muster ihrer räumlichen Anordnung reduziert. Ohne Lebensvorgänge aber gibt es in einem solchen System biologisch keine Zeit, und so dürfen wir erwarten, daß derartiges latentes Leben sich endlos erhält. In Bakterien, die der deutsche Forscher Dombrowski aus permischen Steinsalzbohrkernen isolierte und zu neuem Leben erwecken konnte, kam man dieser Form des latenten Lebens auf die Spur. 200 Millionen Jahre müssen vergangen sein seit der Zeit, als die Lake eines eindunstenden Sees diesen Organismen alles Wasser entzog und sie in der auskristallisierenden Salzkruste einschloß. Die Wissenschaft hat sich freilich lange gesträubt, die Ergebnisse dieser Experimente mit Steinsalz-Bakterien anzuerkennen. Wie leicht könnte die kleinste Verunreinigung während des komplizierten Vorgangs der Isolierung der Bakterien zu einer Täuschung des Experimentators führen! Wie schwierig ist es, absolut steril zu arbeiten, d. h. mit völliger Sicherheit auszuschließen, daß sich eine Bakterienzelle unserer Tage einschleicht und die Wiedererweckung ihrer Millionen Jahre älteren Vorfahren nur vortäuscht. Doch hat im vorigen Jahr die noch abenteuerlichere Entdeckung der Engländer Hinton und Blum dem fast endlosen Scheintod der permischen Bakterien viel von seiner Unglaublichkeit genommen. Den beiden Forschern gelang es, die Larven einer Mückenart in so vollständigem Maße auszutrocknen, daß man die eingeschrumpften Mumien anschließend auf über 100 Grad erwärmen oder auf unter 270 Grad minus abkühlen konnte, ohne daß sie die Fähigkeit verloren, bei anschließender Wiederbefeuchtung zu neuem Leben, oder besser: zur Fortsetzung ihres alten Lebens zu erwachen.

Damit haben wir das Feld abgeschritten, in dem die Hoffnungen für ein Warten auf Bedford liegen. Wir wissen, daß durch Tiefkühlung oder Austrocknung die Lebensprozesse grundsätzlich reversibel stillgelegt werden können. Wir wissen weiter, daß die Austrocknung, also ein Verzicht auf 80% unseres Körpergewichtes, für den menschlichen Organismus als Weg ausscheidet, weil unheilbare Schäden, wie das Zerreißen sämtlicher Nervenverbindungen, die unausbleibliche Folge wären. Wir wissen schließlich, daß die schlagartige Abkühlung auf Temperaturen unter 100 Grad minus, wie sie zu fordern wären, um das Auskristallisieren des Zellwassers in Form spitzer Eisnadeln zu vermeiden, bisher nur bei kleinsten Formen in Zellgröße möglich war und wohl niemals für einen großen Organismus wie den menschlichen Körper ohne Schädigung durchführbar wäre.

Eine Fortschrittsgläubigkeit, die sich daran klammern wollte, daß alles, wenn es nur erst einmal prinzipiell möglich wäre, sich schließlich auch auf die Extreme ausdehnen ließe, übersieht, daß der alte Hegelsche Satz vom Umschlagen der Quantität in die Qualität in weiten Bereichen der Wissenschaft Gültigkeit hat. Wenn es uns möglich ist, den Mond zu erreichen, wenn also prinzipiell Weltraumschiffahrt möglich geworden ist, so ist damit nicht zugleich auch „der erste Schritt" getan, um andere Milchstraßen zu bereisen! In diesem Sinne ist es kaum ernsthaft als ein erster Schritt auf dem Wege zur menschlichen Tiefkühl-Konserve zu betrachten, wenn die heutige Wissenschaft in der Lage ist, niedere Zellverbände reversibel einzufrosten.

Vor allem aber sollte bei einem optimistischen Blick auf das, was die Wissenschaft leistet, nicht vergessen werden, kritisch an das zu denken, was sich unserem Wissen entzieht. Wir wissen, abgesehen von der Trivialerfahrung des psycho-physischen Parallelismus und einiger pharmakologischer Phänomene, nichts von den effektiven Zusammenhängen zwischen biochemischen Prozessen in unseren Gehirnzellen und den Phänomenen unseres Bewußtseins. Es gibt daher nicht den kleinsten wissenschaftlichen Ansatzpunkt für eine Antwort auf die beim Warten auf Bedford so naheliegende Frage, ob das Bewußtsein beim Stillstand der Lebensprozesse eine reversible Latenzphase einnehmen könnte, nach der es sich, gewissermaßen aus dem Nichts heraus, unversehrt wieder einstellen würde, wie die Fähigkeit des Schwimmens und Wachsens bei leicht unterkühlten, eingefrorenen Karpfen.

Übrigens müssen Professor Bedford und alle, die auf ihn warten, bei aller Hoffnung auf die Kunst zukünftiger Ärzte eine erbärmliche Meinung von der gegenwärtigen Medizin gehabt haben. Wußten sie nicht, daß vor jedem Experiment an einem Menschen ganze Heerscharen von Meerschweinchen und weißen Mäusen geopfert werden, daß selbst Eingriffe, die bei Kaninchen und Affen mit Regelmäßigkeit positiv verlaufen, von einer verantwortungsvollen Medizin nur vorsichtig und zögernd auf den Menschen übertragen werden? Das gigantischste aller Forschungsvorhaben von Medizin und Technik, die derzeitige Raumschiffahrt, zeigt doch deutlich, wie langsam jeder Schritt über Tierexperimente hinweg vorgetastet wird, ehe man ihn auf den Menschen überträgt. Wer glaubt wohl, daß es wissenschaftliche Methode wäre, hätte man, wie es einige Utopisten für die Zukunft fordern, eine Weltraummannschaft ähnlich wie Bedford tiefgekühlt und dann in den Weltraum geschossen, sich wegen ihres Auftauens aber damit getröstet, daß in einigen Jahrzehnten wohl ein Weg gefunden sei und daß man dann ja weitersehen könne!

Und doch hätten die gefrorenen Astronauten eines solchen abenteuerlichen Unternehmens deutlich mehr Chancen, von der Kunst unserer Enkel geweckt zu werden als Bedford, denn sie wären vermutlich kerngesund gewesen zu dem Zeitpunkt, als man im Tiefkühlschock ihre Lebensprozesse unterbrach. Professor Bedford dagegen war ein schwerkranker Mann, sein klinischer Tod war bereits eingetreten, und sein Totenschein war ausgestellt. Seine Lebensuhr war abgelaufen und damit auch die Chance, daß ärztliche Kunst an ihrer Einstellung noch etwas hätte ändern können. Das klingt ein wenig nach der frommen Einfalt in Löwes Lied von der Uhr, doch ist es zugleich eine recht moderne, biologische Formulierung. Wir wissen nämlich, daß die höheren Lebewesen eine maximale natürliche Lebenszeit haben, über die hinaus irreversible Veränderungen die Fortdauer des Lebens grundsätzlich ausschließen. Selbst wenn diese Zeit durch latente Perioden unterbrochen oder überlistet wird, durch Winterschlaf, Kältestarre oder andere Formen der Bremsung des Lebensgeschehens, selbst wenn also der Gang dieser Uhr verlangsamt wird, so daß sie, von außen gesehen, nachgeht, bleibt sie doch spätestens und unaufschiebbar an der Stelle stehen, bis zu der die Federkraft der spezifischen Lebenserwartung sie treibt. Für Wasserflöhe stellte man fest, daß diese spezifische Lebenszeit 47,2 Millionen Herzschläge lang ist, unabhängig davon, ob sie ihr Leben schnell und gut ernährt in wenigen Tagen verbringen oder hungrig und mit langsamem Puls sich einige Wochen länger am Leben erhalten. Beim Menschen sind es circa vier bis fünf Milliarden Herzschläge, nach denen seine Uhr maximal abläuft.

Wir wissen nicht, was Prof. Bedford an dieser Maximalzeit menschlicher Herzschläge noch fehlte, als sein Tod eintrat. Aber wir dürfen sicher sein, daß solche Maximalzahl durch eine Unterbrechung und Stillegung des Lebensprozesses sich nicht erhöhen läßt, selbst wenn es möglich wäre, den letzten Herzschlag in ferne Zeitalter zu verlegen. Kehren wir zu seinem mit flüssigem Helium gekühlten Leichnam zurück, so bleibt von dem ganzen unsinnigen Experiment nur, daß es eine komplizierte und recht makabre Bestattungsart darstellt, bei welcher der Tote seine Hinterbliebenen von seiner Bahre nicht ins Leben entläßt, sondern sich als Nachtmahr noch aus dem Grabe heraus an ihre Träume klammert. Es gibt kein Warten auf Bedford! Er ist so sehr oder so wenig tot, wie es jeder von uns am Ende seines Lebens sein wird. Er ist, mit anderen Worten, so tot wie Marley, der bittere Londoner Geizkragen, von dem Dickens in feiner Nuancierung die Grade unterschied, die solches Totsein allenfalls haben könnte: „Der alte Marley war so tot wie ein Türnagel. Bedenkt wohl! Ich will nicht sagen, daß ich aus eigener Kenntnis wüßte, was so besonders Totes gerade an einem Türnagel sei. Ich wäre eher geneigt, einen Sargnagel für die toteste aller im Handel befindlichen Eisenwaren zu halten. Aber die Weisheit unserer Vorfahren liegt in dem Gleichnis: und meine unheiligen Hände sollen nicht daran rühren, sonst wäre es um unser Land geschehen!"

Rauchen und Hoffen

Dürfen wir rauchen und hoffen? Wie die neueste Statistik erweist, sind bei uns im letzten Jahr 100 Milliarden Zigaretten geraucht worden; das ist ein Rekord; denn mehr als 1700 Zigaretten pro Kopf der Bevölkerung als Jahreskonsum, Säuglinge und andere Nichtraucher eingerechnet, das hat es niemals vorher gegeben. Zur gleichen Zeit also, in der auch der letzte Zweifel beseitigt wurde, daß Nikotingenuß zum Lungenkrebs führen kann, haben etwa 30 Millionen Raucher allein in Westdeutschland diese gewaltige Dampfwolke erzeugt, mit der sie lächelnd und abwehrend die Tatsache verschleiern, daß rund 30 000 von ihnen sich zu einem qualvollen Tode verurteilt haben.

Merkwürdig, was für Optimisten wir alle sind. Ist die Chance 1:1000 wirklich so gering? Können wir uns damit beruhigen, daß das Bundesgesundheitsministerium tröstlich mitteilte, im Jahr 1965 habe die Zunahme des Lungenkrebses als Todesursache gegenüber dem Vorjahre nur noch 0,7 Prozent betragen? Freilich, ein Soldat, der in ein Gefecht zöge, in dem nur jedem Tausendsten eine Gefahr drohte, hätte es leicht, mutig zu sein: ... „eine jede Kugel, die trifft ja nicht!“ ist seine Devise, und mit der gleichen Hoffnung stürzen wir alle uns täglich in die mörderische Schlacht des Straßenverkehrs, dessen Unfallstatistik inzwischen die meisten früher gefürchteten Krankheiten weit überrundet hat.

Eine merkwürdige Sache ist diese Statistik, dieses Walten des Gesetzes im inneren Kern des Zufalls, dieses gnadenlose Regiment des Zwanges inmitten der Freiheit. Bis auf mehrere Stellen hinterm Komma genau weist sie jedem von uns seine „mittlere Lebenserwartung“ zu, die Zahl der Tage also, die ihm nach der Erfahrung der Mathematiker noch zugemessen sind, falls sich die allgemeine Gesundheitssituation nicht ändert und falls der Frieden gewahrt bleibt. Beträgt diese mittlere Lebenserwartung für einen 45jährigen Mann heute 28,33 Jahre, so bedeutet das exakt, daß von 100 000 Männern dieser Altersklasse, die heute leben, in 28 Jahren und vier Monaten 50 000 gestorben sein werden. So sicher ist diese Prophezeiung, daß man unbedenklich darauf bauen kann; die Lebensversicherungen tun es vor unser aller Augen in jeder Stadt, in großen, vielstöckigen Gebäuden, die in ihrer Wucht und Größe das Vertrauen zum Gesetz der großen Zahl widerspiegeln und damit zugleich die Gewißheit auf die Verläßlichkeit der mittleren Lebenserwartung.

Wir alle können uns auf die Richtigkeit statistischer Prognosen verlassen, und doch ist ein solcher Wechsel auf die Zukunft nur ein wertloses, fast belangloses Papier, sobald es um jeden von uns persönlich geht. Denn wann es den einzelnen trifft, mich, also die einzige Person aus der anonymen Schar von hunderttausend Altersgenossen, auf die es mir in diesem Falle ankommt, das bleibt ungewiß, bleibt allein mein Schicksal, dem meine Furcht oder meine Hoffnung gilt.

Von meinen 99 999 Altersgenossen wird mit großer Wahrscheinlichkeit, nämlich nach der statistischen Jahres-Absterberate von 0,00440, sogar heute oder morgen einer sterben, aber ich werde es, nach dem gleichen Wahrscheinlichkeitsgesetz, *nicht* sein. Was soll mir dann die ganze Statistik! Wollte ich gar meine tägliche Sterbenschance statistisch berechnen, so erhielte ich eine winzige Zahl. Sie wäre unbedeutend, ohne jeden praktischen Wert, und sie wird auch morgen nicht spürbar größer sein und nicht übermorgen. Fast unmerklich wächst sie an, erst nach 28 Jahren und vier Monaten wird es dann 1 : 1 für mich stehen, und auch das ist noch eine reale Chance fürs Überleben. Hat es nicht öfter schon mal 1 : 1 gestanden oder gar noch schlechter? Und kommt nun jemand und rechnet uns vor, daß wir als Raucher dieses Eins zu Eins schon in 28 Jahren und drei

Monaten erreichen würden, so hat der Tod, so unerbittlich er auch dem Gesetz der großen Zahl nach in dieser Mitteilung steckt, eine statistische Tarnkappe übergestreift und macht es uns leicht, ihn zu vergessen, ja über ihn zu lächeln.

Tatsächlich finden wir bei manchen Mitmenschen ein ganz erstaunliches Arsenal an schwarzem Humor, ein lautes, gutgelauntes Heldentum angesichts einer Gefahr, die sich hinter Statistik verbirgt. Der fehlende Sicherheitsgurt im Auto, der karzinogene Zigarettenrauch: man macht sein kleines Witzchen darüber, als sei man persönlich gefeit gegen die Pfeile, die da aus dem Dunkel des Schicksals heranschwirren und nach ihrem Gesetz mit tödlicher Sicherheit ihr Opfer finden.

Aber wir werden erleben, daß derselbe Mann, der so gleichmütig rauchend einer vagen Todesgefahr spottet, sehr ernsthaft und voller Hoffnung im Zahlenlotto oder Fußball-Toto spielt. Dort ist die Chance für sechs Richtige (aus 49) allerdings nur 1:13 Millionen, das heißt 100000 Männer müßten, jeder an jedem Wochenende, 3 Reihen „tippen“, damit einer von ihnen einmal im Jahr die Chance 1:1 für den Haupttreffer hätte. Doch angesichts einer solchen geradezu wahnwitzig geringen Chance sehen wir einen Teil der Menschheit an jedem Wochenende stark im Glauben und mutig in der Hoffnung, sehen Millionen Hörer den Worten des Nachrichtensprechers lauschen, und könnten doch jedem von ihnen zurufen wie die Sorge dem alten Faust: „Du bebst vor allem, was nicht trifft!“

Ist das wirklich eine Szene aus unserem wissenschaftsgläubigen Jahrhundert? Da sitzt einer vorm Fernsehapparat, sieht die Kugeln des Zahlenlottos rollen, raucht und hofft. Er weiß, daß jeder tausendste Raucher an Lungenkrebs sterben wird, aber er glaubt, daß dieses Gesetz ihn aussparen wird. Er weiß auch, daß nur jeder 13millionste Tip ein Haupttreffer sein kann, aber er glaubt, daß diese an Sicherheit grenzende Unwahrscheinlichkeit für die anderen gilt, nicht für ihn.

Das ist eine „Glaubensstärke“, die bei weitem über dem liegt, was einem Christen von seiner Kirche zugemutet wird! Wir wollen keine unbilligen Vergleiche ziehen, aber der Gedanke liegt nahe, ob nicht die Statistik und ihr Gesetz hier zum

Gott geworden ist, da doch vom blinden Zufall die Erwählung, die Auszeichnung, ja sagen wir es nur: die Gnade erhofft wird. Welch aussichtsloses Hoffen, denn diese Gnade wäre, um im statistischen Bilde zu bleiben, selbst von einem Gott, den es gar nicht gäbe, nicht um einen Bruchteil unwahrscheinlicher als von einem Zufall, der eben durch seine gnadenlose Blindheit und durch seine ausnahmslose Starre definiert ist.

Doch dürfen wir hier nicht vereinfachen, die Dinge sind zu kompliziert, als daß sie sich auf einen einzigen Nenner bringen ließen. Es gibt nicht nur Rauchen und Wetten aus „Glaubensstärke", es gibt beides auch aus Dummheit, und es gibt sie als passive Tätigkeit, als Sucht. Auch rauchen nicht nur Atheisten, sondern selbst Oberkirchenräte, und sollte es moderne Heilige geben, so mag vielleicht auch unter ihnen ein Raucher sein. Es gibt also neben der forschen Raucher-Haltung des „Na, wenn schon!" die der Ahnungslosigkeit und auch die des leidenden „Ich kann nicht anders!".

Schließlich, so wird mancher Raucher einwenden, gibt es auch die kämpferische Haltung des „Sei's drum!" und die Frage: Sind hunderttausend kleine Freuden, fast harmlose Vergnügen, die mit Gewißheit das Leben verschönen, nicht eine späte, ungewisse Gefahr wert? Stirbt man nicht „sowieso", daß also für den Preis, der gezahlt werden muß, wenigstens etwas, oder gar soviel wie mit Anstand möglich, erkauft werden sollte?

Gegen dieses Argument soll hier wenig gesagt werden, zumal es sich dem apodiktischen Standpunkt des Süchtigen nähert, der seine Droge zu allen Zeiten mit solcher Logik verteidigt hat. Nur fällt uns auf, wie wenig von den hunderttausendfach genossenen „kleinen Freuden" an einem Raucher zu bemerken ist, wenn man ihn mit einem von solchem Glück übergangenen Nichtraucher vergleicht. Das Vergnügen des Rauchens liegt offenbar hauptsächlich darin, sich von dem Mißvergnügen des Nichtrauchens zu befreien. Die Sucht erweist sich hier also als ein Verlangen, das seine Erfüllung nicht in einem erhofften Besitz findet, sondern in der Bewahrung vor einem befürchteten Verlust. So wäre der Raucher mit seiner erstrebten täglichen Nikotindosis mit dem Zuckerkranken zu vergleichen, der ohne ständige Insulin-Zufuhr sein körperliches Gleichgewicht nicht erlangen kann. Nur erleidet der Diabetiker sein Schicksal als eine Krankheit, mit der er zu leben lernen muß, da er sie sich nicht „abgewöhnen“ kann, während der Raucher die Möglichkeit zur Behebung des chronischen Mangels in seinem Körper mit jedem Zug an seiner Zigarette genießt und auf solchen Genuß nicht verzichten, von solchem Mangel nicht geheilt sein will. Seine Hoffnung ist, daß seine kleine Sünde an seinem Körper und an seiner Freiheit ihm nicht angerechnet wird, und der Unterschied zwischen rauchendem Atheisten und Gläubigen liegt nur darin, von wem solche Gnade erwartet wird: vom gütigen Gott oder vom günstigen Zufall.

Auch der Lotto-Spieler wird uns entgegentreten und sagen: gewiß ist die Chance 1:13 Millionen verschwindend gering. Aber ist es nicht auch der Einsatz? Macht nicht schon das Warten, selbst wenn es immer vergeblich wäre, Freude? Das ist ein Wort! Aber wenn Warten Freude macht, dann doch nur dort, wo Hoffnung Sinn hat. Der denkende Mensch weiß jedoch, und der nicht denkende ahnt es zumindest, daß Warten auf 1:13 Millionen keinen Sinn hat. So hofft er nicht ernstlich auf die Freude, sondern freut sich an der Hoffnung, so fürchtet er nicht ernstlich die Enttäuschung, sondern ärgert sich über sein „Pech“, oder er übt sich in der Kunst, solches Pech zu wandeln in die kleine, bittere Freude des Mitleids mit sich selber.

Da mag er nun mit „wissenschaftlichen“ Wettsystemen seine Chancen erhöhen und sich dabei vielleicht hoch erhaben fühlen über die Schlichtheit des Glaubens früherer Zeiten, die solches Spielen und Wetten für Teufelsdienst hielten. Er mag sogar dreimal kräftig auf Holz schlagen und „toi-toi-toi!“ rufen, ehe er seinen Tip niederschreibt, nur sollte er zugeben, daß er damit auf dem Niveau einfachster Naturreligionen angelangt ist, inklusive der magischen Beschwörungsformel, die dazu gehört. Zwar nennt er seinen Gott zweieinig Zufall und Gesetz, seine erhoffte Gnade Glück und seine gefürchtete Verdammung Pech, doch können diese drei Ersatzbegriffe in seinem Herzen schließlich nur den gleichen zentralen Platz einnehmen wie vorher die Inhalte, an deren Stelle sie getreten sind. Sein unerschütterlicher Glaube an sein Glück, sein ungebrochenes Ertragen des Pechs angesichts des gnadenlos waltenden Zufalls, sind im Grunde die Haltung starker, „frommer" Gläubigkeit selbst dort, wo die Vorzeichen vertauscht und der Glaubensinhalt zur Unkenntlichkeit verzerrt worden ist und unverstanden bleibt. Es sei der Spieler der Faszination der rollenden Kugel überlassen und der Raucher dem Vergnügen an seiner Zigarette – aber wenn die Glückszahl gefunden und die Rauchwolke verflogen ist, bleibt eine Frage zurück: Ist wirklich im Jahrhundert der Atomzeit, im Jahrzehnt der Raumschiffahrt und Elektronik der objektive Tatbestand der Wissenschaft zur Richtschnur menschlichen Handelns geworden? Hat wirklich das Wissen um die Naturgesetzlichkeit der Welt, die in der Sprache der Mathematik zu uns spricht, die Stelle des Glaubens eingenommen? Es war ein Irrtum vieler Theologen, dies zu vermuten und vorschnell ihre Positionen zu räumen angesichts einer anbrandenden Welle von Wissenschaftlichkeit. Das Verhältnis des modernen Menschen zu seiner Zigarette, sein Vertrauen auf sein Glück, mag es uns lehren.

Diese Wissenschaftlichkeit, das heißt: diese Entschlossenheit, objektiven Fakten den Vorrang vor der eigenen Subjektivität einzuräumen, erweist sich als eine oberflächliche Kruste, die bei den meisten von uns nur wenig in die Tiefen der Persönlichkeit eindringt. Was dort aber, zum innersten Wesen des Menschen gehörig, an Subjektivität ruht, an Entschlossenheit, eigenen Gewißheiten und Hoffnungen den Vorrang vor fremder Objektivität einzuräumen, das sollte uns von der Illusion einer wissenschaftshörigen Nüchternheit unserer Zeit befreien. Es sollte uns ein Hinweis sein auf die Stärke und Fülle der Herzen, auf die Kraft, die wie der unterseeische Teil eines Eisberges um vieles schwerer und beständiger ist als die Spitze. Diese helle Spitze glänzt im Licht des Tages und wird umweht von den Stürmen aus West und Ost, aber den Weg, den der Eisberg zieht, bestimmt seine größere, unsichtbare Masse unter der Oberfläche, die den Strömungen des Meeres gehorcht und von ihm zu einem fernen Ziel getragen wird. So dürfen wir also hoffen, und so dürfen wir sogar rauchen!

Geborgtes Leben

Möglichkeiten der Organverpflanzung von heute und morgen

Am Sterbelager von Louis Washkansky hat für einige dramatische Tage ein Großteil der Menschheit Wache gestanden. Daß er lebte, obwohl sein krankes und rettungslos gestörtes Herz seit mehr als vierzehn Tagen stillstand, daß er mit einem fremden Herzen in der Brust sich am 14. Dezember 1967 aus seinem Bett erheben und für einige Augenblicke die afrikanische Sommersonne auf dem Balkon seines Krankenhauses in Kapstadt genießen konnte, ist eine medizinische Großtat, mit der ein neues Zeitalter der Heilkunst und der menschlichen Hoffnung anbrach. Sein Herzchirurg, Professor Barnard, der Mann des Jahres, wird hohe Anerkennung erwarten dürfen für diesen Erfolg, der ihm und den 30 Mitarbeitern seines Operationsteams nach siebenjähriger Vorbereitungszeit gelang. Für Washkansky und seine Angehörigen ist das freilich alles geringer Trost: er starb an Lungenentzündung, die seinen geschwächten Körper mitsamt dem neuen, gesunden Herzen dahinraffte, und er folgte der Denise Ann Darvall, jener tödlich verunglückten jungen Frau, deren Beerdigung in dem unheimlichen, ja gespenstischen Licht der Tatsache steht, daß da zum ersten Male in der Geschichte der Welt ein toter Mensch zu Grabe getragen wurde, dessen Herz noch lebendig war und laut und kräftig den Takt schlagen mußte zum Leben eines anderen.

Die Erschütterung, aber auch Bestürzung, die von diesem so weitgehend gelungenen Experiment ausgeht, hat Menschen in aller Welt tief betroffen. Dabei überwiegt gewiß zunächst der Triumph, Zeuge eines gewaltigen Fortschritts der Wissenschaft zu sein, aber dahinter liegt eine Enttäuschung verborgen, die wir nicht geringachten dürfen. Unser Herz, von Dichtern und Liebenden seit Jahrtausenden besungen und jedem von uns tief im Unterbewußtsein der gewisse Hort des Gefühls, die Heimat für alles, was wir lieben und verehren: dieser unverletzbare und unersetzbare Wesenskern hat sich in der kalten Luft der profanisierenden und entmythologisierenden Wissenschaft wahrhaftig als das enthüllt, was er der Medizin immer war, als eine schlichte Pumpe. Der alte Vater der Denise Darvall sagte nach der Operation, zu der er seine Zustimmung geben mußte: „Wenn Washkansky die Operation übersteht, hat er ein frohes und gütiges Herz bekommen!". Man hört es mit Beklommenheit und Rührung, denn eins hat diese Operation, nach der das Herz einer 25jährigen Frau das Blut eines dreißig Jahre älteren Mannes so zuverlässig und gut durch dessen Adern trieb, wie es vor seiner Krankheit sein eigenes Herz getan hatte, bewiesen: daß unser Herz im tiefsten Grunde soviel und sowenig mit unserem persönlichen Selbst zu tun hat, wie irgendein anderes unserer Körperorgane.

Eine ungeheuerliche Erkenntnis, und zugleich ein Geschenk der Wissenschaft, das uns mehr an neuer Hoffnung geben kann, als es uns an alten Illusionen nimmt. Wir sind also nicht mit unserem Leib so unzertrennbar und unauswechselbar verwachsen wie ein Zentaur, ein pferdeleibiger Halbgott! Wir sind eher einem Reiter zu vergleichen, der auf einem solchen tierischen Trägerkörper sitzt: fest im Sattel, wenn er gesund ist, locker in Zeiten der Krankheit. Und ärztliche Kunst kann uns in größter Not aus dem Sattel helfen, um den uns dienenden Leib auszutauschen gegen einen anderen, erborgten; oder gar gegen ein andersartiges, mechanisches Fahrzeug!? Wenn auch dies alles nur „im Prinzip" möglich ist, nicht greifbare Wirklichkeit für den einzelnen, so ist doch die Gewißheit, die daraus erwächst, ein Geschenk an uns alle. Die Gewißheit nämlich, daß wir mehr sind als unser Körper, unsere Krankheit weniger als wir.

Es ist sicher, daß Washkansky nicht an seinem neuen Herzen starb; er starb trotz dieses gesunden und einwandfrei seinen Dienst verrichtenden Ersatzorgans. Medizinisch gesagt: er mußte nicht sterben. Sehr bald schon werden wir erleben, daß eine solche Übertragung völlig gelingt, wie wir heute schon von Nierenübertragungen wissen, die voll gelangen und bei denen die gefährliche Abstoßungsreaktion des Körpers gegen fremde Gewebe überwunden werden konnte.

Freilich bedeutet das alles für uns selbst zunächst nicht mehr als das erfreuliche Gefühl, Zeuge gewesen zu sein bei einem Raketenstart. *Wir* fliegen nicht zum Mond, für *uns* sind die irdischen Gesetze und Schwierigkeiten, von Hamburg nach Leipzig zu reisen, voll gültig geblieben, auch wenn Gagarin die ganze Erde nach Weltraumgesetzen in 89 Minuten umkreiste. Für *uns* wird auch kein Team von 30 Ärzten bereitstehen und auf einen passenden Unfalltoten warten, der uns einen Teil seines Leibes borgen soll, wenn ein lebenswichtiges Organ bei uns selbst versagt. Washkansky und Gagarin sind – freiwillig oder unfreiwillig – die Pioniere, die für uns alle das Risiko eines neuen Jahrhunderts der Wissenschaft trugen. Ihre Tat war, daß die Wissenschaft an ihnen zeigen konnte, was möglich ist.

Wir dürfen sicher sein, daß Dinge, die „im Prinzip" möglich sind, für unsere Enkel zum Alltag des Lebens gehören werden. Wir werden uns vermutlich in solchem Alltag so wenig zurechtfinden wie unsere Großeltern in unserem, aber eins haben wir früheren Generationen voraus: in unserem Leben ist mehr von der zukünftigen Entwicklung der Technik und Wissenschaft sichtbar geworden als je zuvor im Leben einer Generation. So mögen Gagarin wie Washkansky als unsere Zeitgenossen uns selbst so fern sein wie die neuen Ufer, zu denen Technik und Wissenschaft sie trugen – unseren Enkeln werden beide sehr nahe sein als die ersten auf Wegen, die ihnen selbstverständlich geworden sind.

Wenn Organe eines Tages austauschbar und neue ohne Schaden für den Empfänger anstelle der alten, kranken in Dienst genommen werden können, so wie wir es vom Blut, dem *„ganz besonderen Saft"*, schon gewohnt sind, dann wird der Vorrat an solchen Austauschorganen für den einzelnen zur Schicksalsfrage. Sollte es eines Tages Herzbanken geben, wie es Blutbanken und Sammelstellen für Knorpelgewebe, Sehnen und Hornhautstücke schon gibt? Sollte ein ganzes Ersatzteillager zur

Ersten-Hilfe-Ausrüstung eines modernen Krankenhauses gehören? Wird es einen „Markt für Menschenfleisch“ geben, wie der Nobelpreisträger Lederberg es voraussagte?

Tiefgekühlt kann man solche Organe bisher nicht lagern, zumal dann nicht, wenn sie erst nach dem Tode entnommen werden können; wenige Stunden sind gewöhnlich das Maximum, das dem Operateur als Zeit für eine Organübertragung zur Verfügung steht. Doch gibt es für Organe wie Niere und Herz eine andere Möglichkeit des Überdauerns: wenn man sie isoliert weiterleben und weiterarbeiten läßt, das heißt in Nährlösungen, an Apparate oder auf Zeit an andere lebende Organismen angeschlossen. Der französische Forscher A. Carell hielt ein isoliertes Hühnerherz 28 Jahre lang in Nährlösung lebendig. Es schlug während dieser Zeit unentwegt und hätte also jederzeit zur Einpflanzung in ein Huhn zur Verfügung gestanden. Sollte in solchen Versuchen der Grund gelegt sein für ein menschliches Ersatzteillager der Zukunft? Ein in Nährlösung schlagendes menschliches Herz – ein merkwürdiges Bild: eine Utopie, die nicht von Dichtern, sondern von Wissenschaftlern erdacht wurde.

Für uns alle aber ist weniger entscheidend, wie es technisch gelingen wird, Organe auf Vorrat bereit zu halten, als vielmehr, wo diese Organe hergenommen werden. Das geborgte Leben darf nie zu einer neuen Sklaverei des erzwungenen Dienens werden, denn den „Inbegriff des Unsittlichen“ nannte Kant es, wenn ein Mensch dem anderen zum Zweck wird. Doch darf man hoffen, daß unsere Enkel über solche Sorgen lächeln werden, denn der Fortschritt der Wissenschaft könnte uns leicht vor diesen Gewissensnöten bewahren.

Gelänge es, *tierische* Organe in Menschenleibern Dienst tun zu lassen, so wäre die ungeheure sittliche Gefahr der Verpflanzung menschlicher Organe gebannt. Fast gleichzeitig mit Barnards Ärzteteam operierte in Buenos Aires ein anderes und pflanzte einem sterbenden Patienten eine Tierleber als letzte Rettung ein. Ein vergeblicher Versuch, wie sich zeigte, ein fast irrsinniger Versuch angesichts der Erfahrungen der Medizin mit der immunbiologischen Schranke. Das Experiment erinnert an die ersten mittelalterlichen Versuche zur Blutübertragung vom Tier auf den Menschen; damals hieß es, drei Schafe gehörten dazu: eins, von dem das Blut genommen wird, eins, das es sich spenden läßt und eins, das als Arzt solche Übertragung leitet. Aber die zwischenartliche immunbiologische Schranke ist keine undurchbrechbare Schallmauer; sie kann eines Tages fallen, und damit würde sich die ganze Situation grundlegend ändern.

Die Technik wird inzwischen im Wettlauf mit solchen medizinischen Wunderkuren liegen. Vielleicht gelingt es ihr, nach eisernen Lungen, künstlichen Nieren und anderen Prothesen von stets wachsender Leistungsfähigkeit, eines Tages computergesteuerte Kunststoffapparate von solcher Vollkommenheit herzustellen, daß eine Organbank mit natürlichen Herzen und Nieren überflüssig wird.

Sosehr aber diese Welt von morgen in uns bereits angelegt ist, uns sichtbar wird in den ersten strahlenden Erfolgen gigantischer wissenschaftlicher Leistungen, so sehr lebt doch auch das Gestern noch mitten unter uns. Zur gleichen Zeit, in der in Kapstadt Louis Washkansky mit dem geborgten Herzen der Denise Darvall fast drei Wochen lang leben durfte, fand auf dem gleichen Kontinent, in einem Eingeborenendorf bei Lome (Togo) ein Erntedankritual statt, bei dem ein dreijähriger Knabe geopfert wurde, indem man ihm das Herz herausschnitt.

Die Zuschauer beider „Experimente" sind Menschen gewesen, in deren Herzen die Hoffnung lebte. Dort die Hoffnung, es möge der Magier mit dem herausgerissenen Herzen eines von ihnen die Götter versöhnen – hier die Hoffnung, es möge der Arzt mit dem eingesetzten Herzen einem von ihnen das Diesseits verlängern. Zwischen diesen beiden Hoffnungen liegt die Geschichte der Menschheit und ihr langer Weg von der Magie zur Wissenschaft. Und über diesem Geschlecht, das Herzen herausreißt und Herzen einpflanzt, liegt die stets unbegreifliche Verheißung der Gottesebenbildlichkeit. Das Geheimnis ist groß!

Tod und endloses Leben

Die gelungenen Herzübertragungen von Kapstadt haben eine eigenartige Wirkung ausgeübt auf eine Welt, die sonst so gerne und so schnell bei der Hand ist mit Begeisterung und Jubel für Rekord und Sensation. Richtig froh geworden ist an ihnen eigentlich nur einer, nämlich der wohlgelaunte Patient Dr. Blaiberg, der dem sicheren Tode noch einmal für ungewisse Zeit entkommen, 75 Tage nach jenem sensationellen Eingriff mit einem fremden Herzen in seiner Brust nach Hause entlassen wurde. Sein Arzt dagegen, Dr. Chris Barnard, der eigentliche Held dieser einmaligen medizinischen Großtat, dürfte trotz aller, fast hektisch anmutenden Bemühungen um Zustimmung und Anerkennung seiner Leistung kaum die rechte Freude an seinem Sieg haben, denn zu schwer sind Zweifel und Bedenken, die ihm und seiner Handlung entgegentreten. Diese Betroffenheit, die sich überall um uns her zeigt, ist, auf die Dauer gesehen, vielleicht sogar die tiefste Wirkung, die von der Kapstädter Operation ausgeht.

Denn in diesem modernen Gesundbrunnen der Chirurgie herrscht eine erbarmungslose Mathematik: aus zwei mach eins! Ein Todkranker und ein eben Gestorbener werden hereingetragen, und einer nur kommt – bestenfalls – gesund und verjüngt wieder hinaus. Der zweite aber, der ohne Herz begraben wird, beunruhigt uns so sehr, wie der erste uns erfreut, denn er nimmt die Antwort mit für die Frage, die er uns stellt: Was ist der Tod?

Es ist in diesen Tagen offenbar geworden, wie wenig wir ihn kennen. Das Gewisseste, was es im Leben gibt, ist dieser Tod, und doch ist er ungewiß und entzieht sich dem Zugriff, wenn die Wissenschaft ihn fassen will.

Der Tod als Ende des Lebens und seiner Prozesse, das ist an sich ein ganz einfacher und klarer Sachverhalt, dessen Feststellung nicht schwerfallen sollte. Erst die exakte Frage nach der Zeit bringt uns in Verlegenheit. Zu welchem genauen Zeitpunkt der Abenddämmerung hört der Tag auf und beginnt die Nacht? Wenn die Wissenschaft hier antworten soll, so muß sie im weiten Bereich der Dämmerung ein Ereignis fixieren, etwa den Untergang des oberen Sonnenrandes hinter dem Horizont oder die Unterschreitung einer bestimmten Helligkeitsstufe. Denn es gibt keine so scharfe Trennung zwischen Tag und Nacht, daß sie sinnvoll auf Zehntelsekundenwerte festzulegen wäre. Solche Unschärfe beunruhigt uns aber nicht; auf die Abenddämmerung folgt mit wissenschaftlicher Gewißheit die Nacht, wie auch immer wir den Trennstrich legen werden.

Auf die Dämmerung am Rande eines bedrohten Lebens aber braucht der Tod nicht mit gleicher Sicherheit zu folgen, sondern die bereits hinter den Horizont gesunkene Sonne kann durch die ärztliche Kunst wieder zurückkehren aus der Finsternis. Wiederbelebung ist möglich, wie wir alle wissen von der Rettung fast schon Ertrunkener durch Beatmung und von der dramatischen Wiederingangsetzung eines nicht mehr schlagenden Herzens durch Massage. Wo liegt der exakte Zeitpunkt, zu dem aus der Todesdämmerung endgültig nicht mehr Tag werden kann? Wann hat das Leben seine letzte verzweifelte Chance verspielt, wann gilt wirklich der alte Spruch: „Nun ist alle ärztliche Kunst vergebens?“

Niemand wird heute mehr befürchten, als Scheintoter begraben zu werden, aber jeden von uns wird angesichts einer so sehr verfeinerten medizinischen Kunst der Wiederbelebung die Frage bewegen, wie weit denn die Wissenschaft, die so tausendfach gegen den Tod antritt, diesen selbst eigentlich als Ereignis faßt und versteht. Wo sich Herzstillstand oder Aussetzen der Atmung als Katastrophenzustände enthüllen, in denen noch Minuten verbleiben, um dem Leben aus jener Dämmerung zur siegreichen Rückkehr zu verhelfen, da sind beide Ereignisse selbst doch offenbar noch nicht der Tod. Wo eine allgemeine Rechtsunsicherheit sich in dem ratlosen Satz eines führenden Juristen unserer Tage ausdrückt: „Wir wissen nicht mehr, wann das menschliche Leben beginnt und wann es endet", da erweist sich diese Dämmerung als ein Bereich, in dem Gefahr und Hoffnung für jeden von uns liegen können.

So haben schließlich die berühmten Mitglieder der französischen Akademie sprechen müssen und als ihrer Weisheit letzten Schluß vor einigen Jahren verkündet: „Wenn zweitägige vollständige Hirnstille festgestellt wird, ist der Tod endgültig eingetreten." Die im lebenden Gehirn meßbaren elektrischen Ströme geben also den letzten Ausschlag in unserer Frage. Das klingt eindeutig und klar, und doch berichteten in Hamburg zu Beginn des Jahres 1968 deutsche Ärzte von einer vollständigen Wiederkehr der Hirnströme nach zweitägigem Ausfall; und es gelang ihnen in einem Fall sogar, vier Tage nach dem Ende aktiver Lebensvorgänge noch elektrische Impulse in einzelnen Gehirnteilen nachzuweisen. Wenn sich aber in solchem ehemals lebenden Körper noch Reste eines Hirnstromes zeigen, so besagt das fast nichts. Die Hirnströme sind beim Menschen nicht anders als beim Wasserkäfer: Nur die ganz allgemeine biologische Grundinformation übermitteln sie, daß Prozesse in den Hirnzellen ablaufen, nicht aber welche. So brauchte uns auch das isolierte Katzenhirn nicht zu erschrecken, das japanische Forscher nach zweihundert Tagen Tiefkühl-Lagerung bei minus 20° wieder auftauten und seine mit einer Glyzerinlösung gefüllten Adern mit frischem Blut durchströmen ließen. Normale Hirnströme traten wieder auf, doch beweist das eben nur, daß die Zellen biologisch noch lebten.

Es bleibt die Frage, ob ein Gehirn als der Schauplatz geistiger Vorgänge nach solchem eisgekühlten Dornröschenschlaf wieder voll erwachen und dort neu einsetzen könnte, wo es vor zeitloser Tiefkühllagerung stehengeblieben war. Die Tiere mit der Fähigkeit zum Winterschlaf zeigen die Andeutung einer solchen Leistung, denn wenn ein Hamster die winterliche Notzeit im Tiefschlaf überbrückt, dann ist seine Gehirntemperatur auf etwa 10° Celsius eingestellt: eine für Säugetier-Hirne sonst tödliche Kälte. Das nur einmal in der Minute schlagende Herz nährt hier das Leben sozusagen auf Sparflamme: die biologische Zeit ist verlangsamt, und wir können beobachten, daß beim Wiedererwachen selbst nach monatelanger Winterruhe des kaum gealterten Tieres das Gehirn alle früheren Funktionen voll wieder aufnimmt.

Wir wissen so wenig über die biochemischen Ursachen des Schlaf- und Wachzustandes unseres Geistes, daß die Frage völlig offenbleiben muß, ob solche Überwindung der Zeit im Tiefkühlschlaf auch beim menschlichen Gehirn möglich wäre. Im letzten Winter ging sogar eine Meldung durch die Presse, die einen solchen Fall zu beweisen schien. Es soll danach russischen Ärzten in einem Moskauer Krankenhaus gelungen sein, einen Erfrorenen wiederzubeleben, der eine Nacht lang bei minus 18° im Freien gelegen hatte. Würde diese Nachricht stimmen, so wäre sie eine Sensation von erheblich größerer Tragweite als die gelungene Kapstädter Herzoperation. Doch spricht alles dafür, daß die sogenannte Wiederbelebung dieses Erfrorenen eben nur das Wiedereinsetzen biologischer Funktionen meint, also maximal die vorübergehende Rückkehr des Herzschlages und nicht etwa das Erwachen, also die Wiederaufnahme geistiger Funktionen. Die biologische, nicht aber die klinische Wiederbelebung wäre also geglückt, und damit das, worauf auch Prof. Bedford allenfalls hoffen durfte, als er sich nach seinem klinischen Tode einfrieren und bei minus 196° aufbewahren ließ. Nicht eigentlich das Leben wird ins Zeitlose verlängert, sondern das Sterben. Nur das ist es, was die ärztliche Kunst unserer Tage in der Tiefkühl-Biotechnik anzubieten hat.

Denkmöglich ist es aber durchaus, daß es einer fortgeschrittenen Biotechnik eines Tages gelänge, die Abstoppung der Lebensvorgänge durch Kälte-Einwirkung so meisterlich zu handhaben, daß schließlich auch unser Gehirn ohne Schädigung in einen zeitlosen Zustand der Kältelagerung versetzt und aus diesem später wieder herausgeführt werden könnte. Gelänge ein solcher Eingriff, so könnte die Zeitdauer des Kälteschlafs nach allen unseren bisherigen Erfahrungen praktisch unbegrenzt sein. Könnte man die Schallmauer der Zeit mit Hilfe der

Kälte durchbrechen, ohne geistige Prozesse unwiederbringlich zu zerstören, so wäre alles geschehen, was nötig ist zur Aufschiebung des Todes, oder besser: zu beliebig langer Unterbrechung des Lebens.

Daß man ihn aufschieben kann, unter Kältebedingungen theoretisch sogar beliebig lange, hat sich gezeigt. Doch hat sich damit eigentlich nicht die Natur des Todes enthüllt, sondern die des Lebens. Es ist klargeworden, daß es nicht hinreichend begriffen werden kann als eine Folge von biochemischen Reaktionssystemen in einem Organismus, sondern daß alle solche Vorgänge und Reaktionen bereits eine Folge des Lebens sind, daß aber auch nach Ende aller biologischen, chemischen und physikalischen Reaktionen in der Tiefkühlstarre die Bereitschaft zu solchen Reaktionen bestehen bleiben kann. Das heißt aber, letztlich ist nicht eine Zahl und Anordnung von Prozessen das tiefste wissenschaftliche Geheimnis des Lebens, sondern eine Anordnung der Teile, zwischen denen solche Prozesse ablaufen können. Ein ganz bestimmtes Ordnungsmuster der Materie, das wir heute bereits in vielen Details beschreiben können, ist ‚lebende Materie' – jedes andere Ordnungsmuster vor, neben oder nach diesem einen und einzigen ist tote Materie.

Wir müssen unsere Frage also neu fassen: warum wird aus lebender Materie tote Materie, warum verliert sich die unwahrscheinliche, kostbare Struktur unseres Körpers, die wir Leben nennen, so unvermeidbar in jene andere, weniger kostbare und dafür wahrscheinlichere des Todes? Warum müssen wir in der Zeit das erleiden, dem wir nur außerhalb der Zeit in Kältestarre entfliehen könnten? Diese Frage hat biologisch die Form: warum altern wir?

Mit Verblüffung stellen wir fest, daß der Mensch, sowenig er sonst in biologischen Leistungen seinen Mitgeschöpfen überlegen ist und so gewiß die Organisationshöhe seines Gehirns weit über allem Vergleichbaren im Tierreich liegt, im Hinblick auf sein Alter eindeutig an der Spitze der Säugetiere steht. Also doch nicht nur ein „Mängelwesen", dieser Mensch, sondern trotz seiner Verwundbarkeit und biologischen Unvollkommenheit von einer erstaunlichen Lebensfähigkeit!

Man hat die höchstmögliche Lebenserwartung berechnet, die sich auf Grund der Altersschwankungen der jetzigen Erdbevölkerung ergibt: die Computer gaben die Antwort: 117 Jahre! Doch sagt das absolute Maximum nichts über uns selbst aus, es ist ja nur bei einem von je drei Milliarden Menschen zu erwarten. Was aber für uns alle gilt, ist dies: nach dem 30. Lebensjahr beginnt die Wahrscheinlichkeit für unsere Todeserwartung ständig und unabänderlich zuzunehmen, wobei sie sich alle acht Jahre verdoppelt und bei etwa 70 den Wert erreicht, der den Tod wahrscheinlicher macht als das Leben. Auch wenn die drei großen Geißeln der Menschheit unserer Tage wegfielen – Krebs, Herzinfarkt und Gehirnschlag –, so würde sich das Datum der Todeserwartung nur bis auf das 80. Lebensjahr hinausschieben lassen. „Die Bibel hat doch recht", dürfen wir hier also sagen und müssen zugleich erkennen, was allenfalls von einer medizinischen Kunst heute oder in ferner Zukunft zu erwarten ist: das volle Erleben dieser Spanne von 70 bis 80 Jahren, die unserem Körper gesetzt ist, als medizinisches Grundrecht für jeden!

Was aber setzt diese Spanne? Abnutzungserscheinungen in den Nervenzellen, Schlackenbildung und Einlagerung von Stoffen, die allmählich die Funktion der nicht austauschbaren Zellen beeinträchtigen, sind der seit langem bekannte biologische Grund unseres Alterns.

Dazu hat die Wissenschaft seit kurzem noch einen zweiten, ganz unerbittlichen Alterungsprozeß erkannt, gegen den sich bis heute kein Heilmittel denken läßt. Man beobachtete isolierte menschliche Körperzellen in Kulturgefäßen: sie wachsen unter geeigneten Bedingungen, teilen sich und wachsen erneut heran. Aber nicht immer so weiter, sondern nur für eine gewisse Zeit; dann hört ihre Vermehrungsfähigkeit auf, und sie sterben ab. 40 bis 50 solcher Teilungen kann man bei Zellen erreichen, die einem menschlichen Embryo entnommen wurden, niemals mehr. Entnimmt man aber die gleichen Zellen (Fibroblasten) einem erwachsenen Körper, so ist ihre Teilungsfähigkeit bereits eingeschränkt: sie sind nur noch zu etwa 20 Teilungen fähig und enden dann, ohne daß irgendeine noch so geschickte Versuchsanordnung sie dazu bringen könnte, sich nochmals zu teilen. Sie haben also durchaus nicht das unendliche Leben, die potentielle Unsterblichkeit, die wir von den Einzellern her kennen.

Es zeigt sich aus diesen überraschenden Experimenten, daß die Lebensfähigkeit der Zellen, die das Wachstum und die ständige Erneuerung unserer Organe bewirken, keineswegs auf endlose Dauer angelegt ist, sondern nur auf eine Zeitspanne, die unserer maximalen Lebenserwartung entspricht; unsere Lebenserwartung nimmt also gesetzmäßig mit jeder Zellteilung in unseren Geweben ab. Nur mit solcher Zellteilung aber ist unser aktives Leben möglich: jede unserer Blutzellen zum Beispiel lebt nur vier Wochen! Unsere Gewebe sind auf Verschleiß hin angelegt, schon der Säugling trägt dieses Ende in seinen jungen Zellen mit sich. Ohne Alterung kein Leben, mit Alterung aber der unausweichliche Tod.

Nicht für alle Zellen gilt dieses Gesetz. Die Geschlechtszellen, aus deren Vereinigung das Leben eines jeden Individuums entsteht, sind davon ausgenommen, denn die ganze unendliche Kette der Menschen-Generationen ist ja zugleich eine unendliche Kette von Teilungsschritten solcher Keimzellen und ihrer Erbträger, der Chromosomen. So könnten wir sagen, daß die Chromosomen in den Körperzellen eines jeden von uns so alt sind wie die Menschheit überhaupt, denn kein einziges von ihnen ist je anders entstanden als durch Teilung aus einem unmittelbar vorausgehenden, und niemals war der Tod in dieser Kette zwischengeschaltet. Aber eine solche Betrachtungsweise ist so wenig wert wie der alte, ratlose Spruch, daß der Mensch in seinen Kindern weiterlebt: nicht er, sondern das Leben lebt in ihnen weiter. Aber nicht um das Leben an sich, sondern um ihn, um die Kombination solcher sich teilender Zellen zu der einmaligen Person eines langsam alternden und eines Tages absterbenden Individuums geht es bei unserer Frage nach dem Tod!

Für seine Zellen aber gilt: von Teilung zu Teilung wird die Gefahr größer, daß sich in der fast unendlichen Fülle der Details Übertragungsfehler einschleichen. Wie man von einer Vorlage nur eine bestimmte Menge einwandfreier Kopien herstellen kann, so ist auch von den Körperzellen offenbar nur eine endliche Zahl von Chromosomen-Kopien zu leisten, nämlich etwa 50 bei menschlichen Fibroblasten. Wir wissen nicht, wie es die Geschlechtszellen anstellen, um diesem Verschleiß zu entgehen, aber es steht fest, daß sie anders als die Körperzellen über Tausende von Generationen hinweg nicht nur einwandfreie Kopien der Chromosomen liefern, sondern sogar auf diesen die allmählichen Veränderungen der Evolution geschehen lassen. Wir ahnen, daß diese ungebrochene Lebenskraft mit der Vermischung zusammenhängen wird, die bei der Befruchtung die Chromosomen zweier Individuen in einer Zelle vereint. Aber wieso aus der Mischung zweier je uralter und bereits tausendfach vervielfältigter Chromosomensätze eine junge und nur begrenzt lebenskräftige neue Zellgeneration entsteht, ist völlig unklar. Das Geheimnis der Sexualität, das sich hier als so innig verwoben mit der Überwindung des Todes erweist, ist eins der ungelösten Rätsel der Biologie.

Geradezu unheimlich mutet es an, wenn wir erfahren, daß es eine Ausnahme gibt vom Gesetz der beschränkten Teilungsfähigkeit von Körperzellen in Gewebekulturen. Gelegentlich kommt es zu krebsähnlicher Entartung dieser Kulturen, ihre Chromosomensätze verwirren sich völlig, statt der gewöhnlichen 46 finden sich 50 bis 350 Chromosomen pro Zelle. In solchen Entartungsstadien sind dann auch menschliche Zellen zu unbeschränkter Weiterteilung fähig: sie sind unsterblich geworden! Eine Krankheit ist also diese Unsterblichkeit, sogar eine ansteckende, die man durch Einimpfung des Affenvirus SV-40 jederzeit in einer bisher normalen Zell-Kultur herbeiführen kann. Und fast zugleich mit dieser Entdeckung im Bereich der menschlichen Körperzellen gelang eine andere im Reiche der Einzeller: bei Amöben gibt es im theoretisch unendlichen Ablauf von Teilungsschritten als seltene Ausnahmeerscheinung „spontane Todesfälle", das heißt Beendigung der Teilungsfähigkeit und anschließender Zerfall. Als Mutation ist diese Anomalie zugleich erblich übertragbar, also ansteckend für die nächsten Generationen.

Doch mag für Amöben die Sterblichkeit ansteckend sein und

für unsere Körperzellen die Unsterblichkeit eine Krankheit: für uns als ganze Menschen ist nur die Sterblichkeit erblich; sie bleibt der Preis, den unser Leben kostet. Nur ein Tor könnte vor solcher Erkenntnis die Augen verschließen und hoffen, mit ärztlicher Hilfe die Zeche zu prellen. Man sollte aus solcher Einsicht leben und nicht in unsinniger Erwartung von der Wissenschaft das Heil erhoffen, das sie nicht geben kann. Ist Lebensverlängerung um jeden Preis wirklich das letzte Ziel ärztlicher Kunst? Muß nicht in einer modernen Wissenschaftswelt, in der es so viele neue Einsichten über das Lebensgeschehen gibt, neben die Ehrfurcht vor dem Leben auch eine Ehrfurcht vor dem Tode treten? Und bleibt nicht jenseits dieses Todes, von dem wir so gar nichts wissen, alles offen ..., auch, ob er eigentlich unser Feind oder unser Freund sei?

Doch wenn wir dies alles mit Hoffnung auf Antwort fragen, so sind wir aus dem Bereich der Biologie bereits herausgetreten. Sie kann nur die Wissenschaft sein vom Leben und Sterben unseres Leibes. Nietzsche, der bittere Verächter, läßt seinen Zarathustra rufen: „Leib bin ich und Seele – so redet das Kind. Aber der Erwachte, der Wissende sagt: Leib bin ich ganz und gar und nichts außerdem, und Seele ist nur ein Wort für etwas am Leibe." Nietzsche selbst ist als ein solcher „Erwachter und Wissender" zerbrochen – er konnte, um ein christliches Wort zu gebrauchen, nicht sein „wie die Kindlein". Doch dürfen wir fragen, ob wirklich die Erfahrung des Erwachten und Wissenden, daß nämlich die Wissenschaft einen von Naturgesetzen freien menschlichen Geist nicht beweisen kann, schwerer wiegt als die kindliche, auch jedem Erwachsenen zugängliche Gewißheit, daß die Existenz unseres Geistes des wissenschaftlichen Beweises gar nicht bedarf. Und so mag diese Betrachtung mit dem stillen Wort des alten Goethe schließen, das er sieben Jahre vor seinem Tode an Eckermann richtete: „Wenn einer 75 Jahre alt ist, kann es nicht fehlen, daß er mitunter an den Tod denke. Mich läßt dieser Gedanke in völliger Ruhe, denn ich habe die feste Überzeugung, daß unser Geist ein Wesen ist ganz unzerstörbarer Natur."

Entstehung des Lebens

Noch keine dreihundert Jahre ist es her, seit der Alchimist und Naturforscher van Helmont den „Wissenschaftlichen Beweis“ erbrachte, daß Ratten aus Schmutz und alten Lumpen entstehen können. Er bestätigte damit nur, was man von alters her als bare Selbstverständlichkeit geglaubt hatte, nämlich daß Insekten und anderes Ungeziefer durch die sogenannte „Urzeugung“ entstünden. Die Natur, so glaubte man, ließ diese Lebewesen von selbst wachsen, und zwar, wie es Kepler, der große Astronom, ausführlich und wenig galant schilderte: Flöhe und Läuse aus dem Schweiß und Blut der Hunde und Frauen (!), Heuschrecken und Raupen aus dem Tau, Frösche aus dem Morast und Pflanzen aus der Erde. Die Unausrottbarkeit von Ungeziefer und Unkraut, ihr ständig neues Hervorquellen in Haus, Stall und Garten lieferte in einem Zeitalter, das Hygiene und wirksame Gifte nicht kannte, diese Gewißheit als alltägliche Erfahrung einem jeden, und die rein akademische Hochschulweisheit des „Omne vivum ex vivo“ (Jedes Lebewesen entsteht aus Lebendigem) mußte angesichts der Fliegen- und Mückenschwärme, der Heuschrecken- und Rattenplagen ohnmächtig verblassen.

Zumindest die kleinsten dieser Plagegeister, vor Erfindung des Mikroskopes kaum als wirkliche Lebewesen erkannt, die Würmer, Maden und Milben schienen sich ja in Fleisch, Wurst und Käse sozusagen unter den Augen der Menschen zu bilden, und ihre offenbar schädliche zerstörerische Absicht schloß sie von dem Adel einer Schöpfung aus. Der Teufel war der Herr der Fliegen und Mücken; und nicht der Schöpfer, sondern die „Natur“ mußte diese daher aus ihrem Schoße hervorgebracht haben. Was schließlich die Aufgußtierchen (Infusorien) und Bakterien betraf, die erst im 18. Jahrhundert das Mikroskop ins Bewußtsein der Zeit rückte, so mußten sie vollends Produkte der ständigen Urzeugung sein, da jeder Aufguß von Wasser sie aus leblosem Heu hervorbringen konnte. So ist es erst etwa einhundert Jahre her, daß Pasteur in seinem berühmten Versuch zeigte, was heute beim sommerlichen Einwecken des Obstes uns jede Hausfrau erneut beweist, nämlich daß selbst Bakterien in einer Flüssigkeit, in der sie durch Kochen einmal vernichtet wurden, niemals von selbst wieder entstehen können.

Damit war eine Grenze gezogen zwischen Leben und Tod, zwischen Organischem und Anorganischem, wie sie nie vorher in dieser Schärfe empfunden worden war. Es wäre den alten Griechen, die doch schon 2000 Jahre vorher nach den Elementen des Kosmos suchten, nie eingefallen, daß etwa das Leben selbst ein solches Element sei. Ihnen erschien alles belebt, besonders das Wasser und das Feuer in seiner Bewegung, und es ist ein weiter Weg von damals bis in die mechanistisch-materielle Welt des vorigen Jahrhunderts, der schließlich alles als tote Materie erschien, selbst die „Maschine“ Mensch!

Doch der Rationalismus des 18. Jahrhunderts blieb hier genau auf der Mittellinie stehen, die durch die Grenze Organisch–Anorganisch gezogen schien. Das Anorganische war erforschbar, durch Chemie und Physik, Astronomie und Mathematik auf seine Gesetze zurückzuführen und aus ihnen zu erklären, zuletzt vielleicht sogar nachzubilden. Das Organische aber, also das Leben oder die „Natur“, wie man schwärmerisch sagte, schien letztlich unerforschbar, man hatte sie so wie den Geist „ruhig zu verehren“, wie Goethe meinte. So hatte schon Kant, der schonungslos wissenschaftliche Kopf jener Epoche, gesagt: „Den Gang der Gestirne, ja jedes Staubkorn können wir berechnen – aber niemals wird ein Newton auferstehen, der den kleinsten Grashalm erklärt, die winzigste Raupe berechnet.“ Und Schiller, der feurige Jünger Kants, hatte sich empört, wie jemand solches „mit einer Frechheit, die ich nicht begreife“, auch nur versuchen könnte! Der Friede, soweit er zwischen Wissenschaft und Religion in jener Zeit noch bestand, wurde durch diese Grenze garantiert: hier die Materie, die zu erforschen und zu beherrschen war, dort die Natur (mitsamt der „Übernatur"), in die jede Einsicht oder gar jeder Eingriff nach Kant der Urteilskraft des Menschen „schlechterdings abzusprechen" ist.

Dieser Waffenstillstand zwischen Wissen und Glauben zerbrach, als es dem deutschen Chemiker Wöhler 1828 gelang, im Reagenzglas aus anorganischen Chemikalien die erste künstliche organische Substanz herzustellen. Die Schallmauer zwischen anorganischer und organischer Chemie war durchbrochen. der Siegeszug der synthetischen „Naturstoffe" aus den Labors begann: vom Anilin bis zum Insulin, vom Kautschuk bis zu den Impfseren. Da bald auch die Mauer zwischen Zoologie und Anthropologie durchstoßen war, die den Menschen bisher getrennt von den Tieren zu betrachten forderte, lag nun die ganze Natur als ein einziges, großes Feld vor der Wissenschaft ausgebreitet. Haeckel erklärte jubelnd, in Darwin sei der langersehnte „Newton des Grashalmes" erstanden, in Wöhlers Synthese war die Sonderstellung des Lebendigen fragwürdig geworden, und so schien vom Atom bis hin zum Menschen eine einzige riesige Kette von stufenweiser Höherentwicklung sich zu erstrecken, die an keiner Stelle einen prinzipiellen Bruch aufwies.

Haeckel war nicht nur mutig genug, den Faden dieses Kontinuums über die Affen bis zum Menschen hin abzuwickeln, er ging auch in der anderen Richtung seinen Gedankengang bis zu Ende. In einem Urmeer der frühen Erdgeschichte, so meinte er, hätten sich ähnlich wie in Wöhlers Retorte die ersten organischen Substanzen gebildet, sie seien dann zu Protoplasma-Klümpchen zusammengetreten, die einen ersten Stoffwechsel und die Fähigkeit des Wachstums gehabt hätten, und damit seien sie als „Moneren" die ersten, noch sehr einfachen Lebewesen gewesen. Diese kühne Theorie schien ihre volle Bestätigung zu finden, als bald darauf eine Meeresexpedition aus großen Tiefen einen organischen „Urschleim" zutage förderte, der aus solchen formlosen Moneren zu bestehen schien. Bathybius haeckeli, wie dieser angeblich lebende Schleim ihm zu Ehren genannt wurde, erwies sich allerdings als ein Kunstfehler der Wissenschaft, nämlich als ein künstlicher Niederschlag in den Probegläsern der Meeresforscher, aber damit war Haeckels Theorie nicht widerlegt.

Es wurde trotzdem sehr still um sie, als die Biochemie unseres Jahrhunderts die ungeahnte Fülle komplizierter organischer Verbindungen erforschte, die im lebenden Protoplasma der Zellen nebeneinander bestehen. Dieses überaus vielfältige Gewirr von Eiweißen und Zuckern, Fetten, Säuren, Enzymen und Fermenten war in so unglaublich komplizierter Weise aufeinander eingestellt, daß es immer unvorstellbarer wurde, es könne sich ein solches System jemals zufällig und von selbst zusammengefunden haben. Das schien so unwahrscheinlich, als wollte man versuchen, eine Taschenuhr allein durch Schütteln eines großen Haufens von Zahnrädern und Wellen zusammenzusetzen.

Wieder eine Schallmauer also, aber auch sie taugte nicht lange als Demarkationslinie zwischen Mechanisten und Vitalisten oder gar zwischen Wissenschaft und Glauben. Denn auch sie wurde durchbrochen, als der Amerikaner Miller (1953) im Labor ein Gasgemisch aus Methan, Ammoniak und Wasserstoff, wie es in der noch sauerstoffreien Uratmosphäre unserer Erde einmal herrschte, künstlichen Blitzen aussetzte und damit die spontane Entstehung von organischen Verbindungen erreichte.

Man ist heute ganz sicher, daß unter der Uratmosphäre der frühen Erdgeschichte im Urozean solche Verbindungen, Vorstufen des Lebens, sich allmählich immer mehr ansammeln konnten, so daß sie eine „Ursuppe“ von schließlich mehr als einem Prozent Konzentration bildeten. Die Experimente haben sogar erwiesen, daß in dieser Suppe gerade die Stoffe besonders häufig gewesen sein müssen, die noch heute in unserem Körpereiweiß die größte Rolle spielen.

Gewitterentladungen brachten die Initialzündung, in Jahrmillionen sammelten sich die Produkte im Meer an, eindunstende Strandgewässer führten zu größeren Konzentrationen,

Vulkanausbrüche zu starker Erwärmung. Vor allem aber halfen diese organischen Verbindungen selbst infolge ihrer chemischen Eigenschaften mit, den Zusammenballungsprozeß zu fördern. Denn die einfachen Eiweißstoffe, die in der Ursuppe entstanden, wirkten als „Enzyme“, das heißt, sie sorgten aktiv für das Aufsammeln eigener Bausteine aus der Umgebung. Unser Bild von der Uhr, die durch Schütteln aus den Teilen zusammengesetzt werden sollte, stimmt also nicht! Die moderne Forschung lehrt, es zu korrigieren: die Zahnräder, die zusammenpassen, scheinen magnetisch zueinander gezogen zu werden. Unter dieser Voraussetzung aber könnte es eben doch einmal gelingen, eine Uhr aus ihnen zusammenzuschütteln, besonders, wenn man dazu ein paar Milliarden Jahre Zeit hat.

Es werden sich in solchen gewaltigen Zeiträumen der frühen Erdgeschichte diese einfachen Koazervate, wie die Wissenschaft sie nennt, mit Wahrscheinlichkeit immer wieder gebildet haben, und hier oder dort wird es bei einigen unter Millionen von ihnen auch zu ersten, sehr langsamen und vielleicht auch nur sehr kurzen „Lebensprozessen“ gekommen sein, nämlich zu Wachstum und Stoffwechsel durch Ausscheidung und Anlagerung bestimmter Stoffe. Sie dickten die Ursuppe in den Ozeanen oder an einigen ihrer stillen Lagunen weiter ein, und eines Tages war es dann so weit, daß eines dieser Koazervate „kritisch“ wurde. Eine Kettenreaktion des Lebens setzte ein, die bis auf den heutigen Tag nicht aufhörte, sondern sich in den Körperzellen aller Lebewesen bis zum Menschen hin nach dem gleichen Gesetz fortpflanzte. Selbst die zufällige Merkwürdigkeit, daß von allen Aminosäuren, die es im Urozean gegeben haben muß und die dort stets in zwei ähnlichen chemischen Ausfertigungen auftreten, nur die eine (die „linksdrehende“) Spielart ins lebende Eiweiß eingebaut wird, muß aus dieser Zeit und von jener kritischen ersten Reaktion herstammen.

Das ist freilich sehr lange her: über drei Milliarden Jahre sind die winzigen Zellen von „Eobacterium isolatum“ alt, deren Reste im Jahre 1966 in afrikanischen (präkambrischen) Gesteinen gefunden wurden! Wir wissen bis heute fast nichts darüber, was sich in den dann folgenden zwei bis zweieinhalb Milliarden Jahren abspielte, bis dann plötzlich vor etwa 600 Millionen Jahren im Kambrium die meisten unserer Tier- und Pflanzenstämme als Versteinerungen auftauchen. Aber alles spricht dafür, daß ihre Körper im Dunkel dieser Jahr-Milliarden aus jenen ersten Moneren nach den gleichen Gesetzen erwuchsen, die diese aus der Ursuppe herauskristallisierten.

Wird die Wissenschaft es auch fertigbringen, im Labour aus solcher Ursuppe die ersten echten Lebewesen künstlich zu erzeugen? Wir können nicht daran zweifeln, zumal die lebensnotwendigen Eiweißstoffe als Enzyme selbst so willig an solchen Synthesen mitarbeiten. Eines Tages wird es in der Zeitung stehen: „Die erste Urzeugung im Reagenzglas ist geglückt!" Und wie es Enzyme gibt, die chemische Reaktionen zu millionenfacher Geschwindigkeit beschleunigen, so mag es auch einmal Kunstgriffe des biologischen Labors geben, welche die Evolution solcher künstlichen Lebewesen zu rasendem Tempo steigern, so daß aus der Retorte der zukünftigen Wissenschaft künstliche Lebewesen steigen, die wir als echte Viren oder gar als Bakterien bezeichnen müssen.

Die Wissenschaft hat viele Schallmauern durchbrochen, und sie wird weitere durchstoßen, wenn wir es zulassen. Sie führt nicht so bald ans Ende, sie ist in weiten Bereichen grenzenlos, wie sie wertfrei ist. Sie ist dabei so gefährlich wie jede sich selbst überlassene Macht, die den zu überrennen droht, der sich ihr ausliefert. Man kann sie aber nicht halb haben, nicht als bequemes „Bis hierher und nicht weiter". Wir können nicht einfach irgendwo aufhören, rational zu denken und kausal zu forschen. Aber wir können bestimmen, was solche Wissenschaft für uns bedeutet, können der Selbstauslieferung an sie entgehen. Im gleichen Augenblick wird sie ihre Gefährlichkeit verlieren, wird harmlos und zeigt nun erst ihre eigene Schönheit ganz.

Es bedarf dazu nur der gelassenen Gewißheit, daß die Wissenschaft, die keine Werte kennt, auch keine Werte zerstören kann, und daß, wie Thomas von Aquin sagte, Glauben mehr ist als Wissen. In diesem Sinne mag die Chemie von einem funkelnden Diamanten nachweisen, er sei eigentlich nur Kohlenstoff. Wen wird das stören? Er glänzt im gleichen tiefen Feuer weiter als ein kostbares Juwel. So mag sich uns das Wunder des Lebens im Zugriff der Wissenschaft entwirren zu einem langen, fortlaufenden Faden, dessen unteres Ende aus der Biologie herausführt und sich in den Gesetzen der Chemie verliert. Solche Erkenntnis wird niemanden, der es ernstlich will, daran hindern können, sich und die anderen Lebewesen als Geschöpfe aus Gottes Hand zu empfinden. Er muß sich nur entscheiden, die Wissenschaft als die unserer Zeit gemäße Sprache zu erkennen, in der das ewig geheimnisvolle Tagewerk der Schöpfung neu beschrieben wird. Die Wissenschaft, so viel sie auch leisten mag, wird ihm seine Entscheidung nicht abnehmen, sie macht sie auch im Tiefsten nicht schwerer oder leichter, als sie immer war. Sie macht sie nur notwendiger!

Leben auf fernen Sternen

Die Frage, ob es hinter dem Horizont unserer täglich erfahrenen Welt andere Welten und andere Menschen gibt, ist uralt. Sicher ist sie eine der ältesten, die über die unmittelbaren Bedürfnisse des Tages hinaustastet in das nicht mehr Verfügbare, in das Jenseitige, eine der ersten rein wissenschaftlichen Fragen ohne praktischen Nutzen. Gibt es Menschen jenseits der Berge, so fragten die Ureinwohner eines Tales – gibt es Land jenseits des Meeres, so fragten die Küstenbewohner. Und immer hieß die erste Antwort: nein. Inbegriff der Beschränktheit und Größe der Naivität: *unsere* Heimat ist der Mittelpunkt des Alls, nur wir und wer *unsere* Sprache spricht, ist Mensch, *unser* Horizont ist die Grenze der Welt. Was dahinter kommt, das „decken die Götter gnädig mit Nacht und mit Grauen".

Es hat Jahrtausende gedauert, bis ein Weltbild sich einstellte, in dem die ganze Erde zur gemeinsamen Heimat wird für eine Menschheit, die in tausend Sprachen spricht, in hundert Kulturen lebt und zu vielen Rassen gehört. „Die Welt ist klein geworden", heißt ein Wort zur Kennzeichnung unserer Zeit. Es sollte heißen: unsere Welt ist groß geworden, größer, als unsere Ahnen es sich je vorstellen konnten! Wir selbst aber sind kleiner geworden dabei: einer von drei Milliarden zu sein, das ist heute unser Schicksal, und dazu haben wir den Gedanken zu ertragen, daß noch eine Million vorausgehender Generationen zu dieser ungeheuren Zahl gehören, auch sie Menschen wie wir, alle die tausend Millionen Individuen vor uns.

Für die moderne Menschheit aber stellt sich in neuem Gewand die alte Frage: gibt es außer uns Erdbewohnern noch andere Lebewesen im All? Auch hier heißt die Antwort zunächst einmal: nein. Immer sind es dann die Dichter und Seher, die an solche instinktiven Gewißheiten rühren und die Ahnung neuer Werte an ihre Stelle setzen: religiöse Seherkraft füllte den Himmel früherer Jahrhunderte mit Geistern und Engeln, die Phantasie der utopischen Schriftsteller unserer Zeit füllt das All mit einem bunten Gewimmel von Marsmenschen und weitgereisten, extragalaktischen Intelligenzen, die in fliegenden Untertassen oder per Funksignal mit uns Verbindung suchen.

Was sagt die Wissenschaft dazu? Die Sonden, die den ersten bemannten Weltraumfahrzeugen vorausgesandt wurden, haben inzwischen genügende Informationen zur Erde gefunkt, um zu bestätigen, was die Astronomen bereits seit Jahrzehnten wußten: ein höheres Leben nach Art unseres menschlichen ist auf keinem Planeten oder Trabanten unseres Sonnensystems zu erwarten. Der Mond ist eine glühend heiße Wüste ohne Atmosphäre; eine Wüste ist auch der Mars, in dessen „Kanälen" noch die Phantasie unserer Väter ein venezianisches Gondeltreiben seltsamer, uralter und weiser Sternbewohner erträumte. Und die Venus, der „holde Abendstern", erwies sich nach den letzten Messungen der russischen und amerikanischen Raumsonden ebenfalls als unwirtlicher Planet: von eisigen Kohlendioxyd-Wolken eingehüllt, ist sie an ihrer Oberfläche eine über 400 Grad heiße, trockene Steinwüste, über die Orkane mit der sechsfachen Geschwindigkeit irdischer Wirbelstürme hinwegtoben. Blicken wir gar nach den sonnenfernen, großen Planeten, so können wir überhaupt nicht mehr mit einer Oberfläche im gewohnten Sinne rechnen: sie sind vermutlich gasförmig oder im Inneren flüssig, und dabei von einer Atmosphäre aus giftigen Gasen umhüllt.

Keine guten Aussichten also für die Entstehung von Organismen! Und doch gibt es Anzeichen, die ein einfaches Leben der Bakterien- oder Algenstufe auf dem einen oder anderen dieser Planeten möglich erscheinen lassen. Farbänderungen auf dem Mars, die sich jahreszeitlich im Zusammenhang mit dem Anwachsen und Abschmelzen der polaren Eiskappen zeigen, werden von vielen Forschern als Vegetation gedeutet. In Rußland gibt es seit Jahren bereits ein eigenes Institut für „Astrobotanik“, das diese Erscheinungen untersucht. Seit kurzem rechnet der amerikanische Nobelpreisträger Libby auch auf der Venus mit solchen vereisten Polen, die zwischen sich und der heißen Äquatorgegend einen Bereich gemäßigter Temperatur schaffen müßten, in dem Leben möglich wäre. Und schließlich wird der geheimnisvoll wandernde „rote Fleck“ auf dem Jupiter von manchen Astronomen als Hinweis auf eine Vegetation in dessen Atmosphäre genommen. Ein fester Bestandteil aller Raumfahrtpläne ist es daher, Sonden mit Meßinstrumenten auszustatten, die Lebensvorgänge solcher einfacher Organismen auf der Oberfläche der Planeten aufspüren und zur Erde melden können. Man hat unter Nachahmung der Jupiter-Atmosphäre durch elektrische Entladungen in einem Gasgemisch aus Ammoniak, Wasserstoff und Methan bereits einfache organische Verbindungen erzeugen können. Damit steht fest, daß sich in den oberen Schichten dieses fernen Planeten die gleiche „organische Ur-Suppe“ anreichern kann, die auf unserer Erde vor etwa drei Milliarden Jahren zur Bildung des ersten Lebens geführt hat. Wiederholt sich auf dem Jupiter, 600 Millionen Kilometer von uns entfernt, noch einmal das große Abenteuer der Entstehung des Lebens, das bei uns nach Jahrmilliarden endlich zum Menschen führte? Wir wisses es nicht, und wie sollen wir je erfahren, wie es in so ferner Zukunft dort aussehen wird?

Doch unser Planetensystem umkreist nur eine Sonne unter 100 Milliarden ähnlicher Fixsterne in der Milchstraße. Nichts ist den Astronomen jemals bekannt geworden, das unsere Sonne von dieser unendlichen Vielzahl anderer Sterne grundsätzlich unterschiede: weder Größe noch Lage oder chemische Zusammensetzung machen sie zu einem einzigartigen oder auch nur zu einem besonderen Himmelskörper; im ganzen Weltall sind die gleichen Elemente nach den gleichen Gesetzen geordnet. Es ist daher fast undenkbar, daß unser Planetensystem etwa das einzige in der Milchstraße wäre. Das ganze Gewicht der Naturwissenschaft spricht vielmehr dafür, daß es Millionen anderer Sonnen gibt, die auch von Planeten umkreist werden. Und die gleiche Logik spricht dafür, daß unter diesen unzähligen Planeten Hunderttausende oder Millionen sein werden, deren Entfernung von ihrer Sonne und deren sonstige Beschaffenheit unserer Erde gleichen.

Noch hat kein Astronom einen einzigen solcher nicht zu unserem Sonnensystem gehörigen Planeten jemals im Fernrohr gesichtet. Aber es gelang doch bereits – nach 25jähriger Beobachtungsdauer eines Forschungsteams von 50 Wissenschaftlern –, wenigstens einen von ihnen, ganz in unserer Nachbarschaft, durch Berechnung aufzufinden: „Barnards Stern", der zweitnächste Nachbar unserer Sonne (nur sechs Lichtjahre entfernt), muß mindestens einen solchen Planeten besitzen, und zwar etwa von der Größe und der Umlaufbahn unseres Jupiters. Geben wir – sehr vorsichtig – nur jedem tausendsten Fixstern die gleiche Chance wie unserer Sonne und ihrem Nachbarn, so kommen wir auf 100 Millionen Planetensysteme in der Milchstraße. Wem aber auch das nicht genügt, der mag hinzurechnen, wie viele Millionen solcher Milchstraßen es im Weltall gibt: auch sie nach den gleichen Gesetzen wie die unsere gebaut und daher auch jede von ihnen mit Millionen von Planeten.

Leben auf fernen Sternen? Wir können mit Ernst Jünger antworten: „Das ist eine Frage von Kleingläubigen. Das Universum lebt." Wenn die Wissenschaft nicht gänzlich irrt, wenn die Entstehung des Lebens auf der Erde wenigstens in groben Zügen so verlief, wie wir es heute doch mit einiger Sicherheit zu wissen meinen, dann dürfen wir gewiß sein, daß es im Weltall Milliarden Planeten gibt, auf denen aus einer Ammoniak-Methan-Wasserstoff-Atmosphäre unter Blitzen und Regen die organische Ur-Suppe der ersten Moleküle sich bildete, so daß in ihr die Kettenreaktion zünden konnte, die zu komplizierten, wachsenden und sich selbst regulierenden, also „lebenden" Organismen führte. „Wo Leben möglich ist, da entsteht es auch im Laufe der Zeit", sagte der britische Astronom Sir Lovell. Wir müssen dann aber weiterfragen, ob mit diesem millionenfachen Beginn des Lebens auf Millionen von Planeten auch jeweils eine Entwicklung einsetzte, die höher und – wenigstens in einigen Fällen – zu Menschen führte, zu „intelligenten Wesen", wie man es gewöhnlich vorsichtiger formuliert.

Diese Frage erst ist eigentlich die entscheidende für uns, aber gerade hier muß die Wissenschaft jede Antwort schuldig bleiben. Wir wissen vieles vom „daß" der Evolution auf der Erde; seit Lamarck und Darwin auch manches vom „wie" der Entfaltung und Aufspaltung der Organismenarten auf der erreichten Organisationshöhe, aber nichts ist bekannt über die Gesetze oder Zwänge, nach denen sich das Leben empor zu immer höherer Individualität und somit zuletzt bis zum Menschen entwickelte. Wir haben daher auch nicht den geringsten Ansatz für eine gesicherte Prognose, ob und wie eine solche Höherentwicklung des Lebens auf einem anderen Planeten verlaufen könnte. Es wäre daher nur der simple Analogie-Schluß möglich: wenn diese Entwicklung hier auf der Erde so verlaufen ist, wie wir sie vorfinden, dann wird sie unter gleichen äußeren Bedingungen und bei gleicher Ausgangslage auf einem anderen Planeten wohl ebenso verlaufen!

Das aber ist keine Wissenschaft! Solche Aussage ist nur eine subjektive Vermutung von einer Art, wie sie in der Wissenschaft eigentlich verpönt ist. Betrachten wir sie kritisch, so kann sie über die Wirklichkeit auf fernen Sternen gar keinen Aufschluß geben, wohl aber über die Person dessen, der sie ausspricht. Er nimmt offenbar eine allgemeine Gültigkeit für ein Gesetz an, das die Biologie noch gar nicht kennt: er ist überzeugt davon, daß der Mensch im Verlauf der Evolution des Lebens auf der Erde sozusagen ganz von selbst entstehen *mußte.* Man wird ihm diese Vermutung lassen dürfen, doch sollte er spüren, daß sie einen Glauben darstellt und nicht ein Wissen. Der schon erwähnte Lord Lovell (Leiter des radioastronomischen Zentrums in Jodrell Banks in England) sagte weiter: „Es gibt nichts, was zu der Annahme verleiten könnte, die Entwicklung des Menschen auf der Erde sei einmalig!" Das hört sich an wie eine wissenschaftliche Aussage, aber es ist ein privates Bekenntnis, das – wohl unbewußt – aus einer Tiefe der Persönlichkeit kommt, die weit unterhalb der wissenschaftlichen Logik liegt, aus der gleichen Tiefe, in der andere Menschen die religiöse Gewißheit finden, daß es durchaus doch einiges gebe, was sie zu einer solchen für Lord Lovell unmöglichen Annahme „verleiten" könnte.

Doch unbewiesener Glaube, reine Vermutung ist auch die gegenteilige Annahme, daß die Entstehung des Menschen einen höchst unwahrscheinlichen Zufall der Evolution des Lebens darstellt. Es gibt auch dafür einen nüchternen Engländer als modernen Kronzeugen: der Londoner Zoologie-Professor Sandon berechnete vor kurzem die „Wahrscheinlichkeit" für die Entstehung des Menschen aus der organischen Ursuppe unseres Planeten, wobei er nur 100 positive Mutationen als Zufallstreffer der Höherentwicklung ansetzte. Diese Überlegung, die den Menschen in seiner Entwicklungshöhe recht bescheiden bewertet, führt bereits zu der wahrhaft astronomischen Zahl von 1 zu 1 Quintillion (einer Ziffer mit 30 Stellen) als Wahrscheinlichkeitschance. In dieser Sicht reichen also 100 Milliarden Sonnen unserer Milchstraße keineswegs aus; auch die 100 Milliarden anderer Milchstraßen unseres Weltalles nicht, sondern wir müßten noch 100 Millionen anderer Weltalls hinzunehmen, um einen einzigen weiteren Planeten mit Menschen erwarten zu dürfen!

Diese Feststellungen in ihrer Gegensätzlichkeit können uns letztlich nur zu einer Erkenntnis verhelfen: an den Grenzen des Diesseits angelangt, vermindern sich nicht nur die Anschaulichkeit und der Wert der wissenschaftlichen Aussagen. Es verwischen sich dort auch die Grenzen zwischen Wissen und Glauben so sehr, daß wir *beide* als geistige Kräfte nebeneinander bestehen lassen müssen, wenn wir überhaupt eine Ansicht von der Wirklichkeit gewinnen wollen.

Daran kann auch die Zukunft der Weltraumtechnik nichts ändern, selbst wenn alle ihre Träume in Erfüllung gingen, Raketen mit Lichtgeschwindigkeit das All durcheilten, und der im Tiefkühlschlaf eingelagerten, der Zeit und dem Altern entrückten Mannschaft der Durchbruch zu anderen Sonnensystemen oder Milchstraßen gelänge. Unser Leben ist zu kurz und der Lichtstrahl zu langsam, als daß wir jemals erleben könnten, was ferne Sterne uns wirklich zu sagen hätten. Ein in tausend

Lichtjahren Entfernung funkelnder Stern, das bedeutet doch: ein Lichtschein, der nach tausendjährigem Flug durch das Weltall heute in der Netzhaut unseres Auges eintrifft. Der Stern, von dem er damals ausging, mag inzwischen geplatzt oder erloschen oder an eine andere Himmelsstelle gewandert sein. Ein Funksignal aus tausend Lichtjahren Entfernung ausgesandt von „intelligenten Wesen", nach tausend Jahren frühestens zu uns gelangt, und dann unsere Antwort darauf, die nach Jahrtausenden dort eintreffen könnte – was bedeutet das für das Hier und Heute unseres Lebens? Und nun gar eine Reise zu einem solchen fernen Gebilde, das vor Jahrtausenden oder Jahrmillionen einmal bestand, und von dort zurück in eine Welt, die erst in Jahrtausenden bestehen wird?

Es ist vorläufig nur wissenschaftliche Spielerei, Denksport für Techniker und Physiker, eine solche Weltraumreise zu ersinnen. Aber kein Zweifel kann gelten, daß man eines Tages Sonden aussenden wird in den Weltraum, die als einsame Boten menschlicher Technik hinter den Grenzen unserer Welt die Zeitmauer durchstoßen und deren Rückkehr, wenn überhaupt, erst spätere Generationen erleben werden. Das Atemberaubende an diesem Gedanken ist, daß das Ziel solcher Reise jenseits unserer Vorstellung, jenseits unserer Zeit und jenseits unseres Lebens liegen wird. Und das heißt doch, daß solche Raketen in das „Jenseits" fliegen, eben in jenen metaphysischen Bereich, der eben dadurch bestimmt ist, daß uns die Wissenschaft aus ihm *nicht* berichten kann.

Wissenschaftliche Kenntnis mag eines Tages solche Flugschiffe bauen und ausrüsten, wissenschaftliche Glaubensstärke einzelner Pioniere kann sie bemannen und die wissenschaftliche Heilserwartung der Menschheit könnte sie hinaussenden auf ihren ungewissen Kurs in das Jenseits. Für uns aber muß es bedeutungslos bleiben, was ein solches Raumschiff oder was andere Sonden und Fühler der Wissenschaft in jenen Räumen antreffen werden. Denn es kann keine Nachricht zu uns, in das „Diesseits", zurückgelangen, und so bleibt jene ferne Welt so unerreichbar wie zuvor.

Wir müssen uns fragen, ob denn in solchen gewissermaßen

jenseitigen Aussagen der Wissenschaft überhaupt noch Wirklichkeit vermittelt wird. Offenbar nicht! Was kann die wissenschaftliche Prognose über intelligente Lebewesen in fernen Milchstraßen dann aber eigentlich noch bedeuten? Was unterscheidet sie in Hinblick auf Nachprüfbarkeit dann noch von einer religiösen Aussage? Ist sie uns wirklich näher und gibt sie uns wirklich mehr als Schillers Verheißung: „Brüder überm Sternenzelt muß ein lieber Vater wohnen"?

Wir müssen wohl selbst, ein jeder für sich, unsere Sonden hinausschicken ins Jenseits, wenn wir die Antwort noch im Diesseits erfahren wollen. Und wir werden unser Wissen so gut wie unseren Glauben nötig haben als Fühler in jene fernen Welten hinter dem Horizont.

Homunkulus

Der künstliche Mensch aus der Retorte ist mehr als ein beliebiges Ziel der Wissenschaft; er ist das höchste Symbol ihres Griffs nach den Sternen, ist den einen Sinnbild der menschlichen Vermessenheit, zu sein wie Gott, und den anderen legitimes Endziel des forschenden Menschengeistes und der Anwendung seiner Ergebnisse in Konstruktionen der Technik. Zwar erwartet heute niemand mehr, daß ein fleißiger Famulus in seinem Alchimistenlabor ein solches „Menschlein" konstruieren könne, aber statt dessen sind in Tausenden von Industrielabors und Studierzimmern Versuche im Gange, um einzelne Funktionen des menschlichen Lebensablaufes in die Hand zu bekommen, durch Apparate und Maschinen nachzuahmen, zu ersetzen, zu beeinflussen und schließlich: zu verbessern. Gab es doch, als deutlichsten Ausdruck solcher Bemühungen, bereits vor einigen Jahren im berüchtigten Ciba-Kolloquium die Anregung, die Menschheit als Ganzes durch entsprechende Eingriffe zu verbessern, durch Mikro-Chirurgie ihre Erbmasse zu beeinflussen und somit letzten Endes uns alle oder doch unsere Nachkommen in „künstliche" Menschen zu verwandeln.

War zunächst der Wunsch nach Wissen von der Freude am Konstruieren, Nachmachen und Eingreifen getrennt, so ist in unserer Zeit, in der das Schlagwort „Wissen ist Macht" gilt, aus der Technik und vielen Bereichen der Wissenschaft längst eine untrennbare Einheit geworden. Zu ihr tritt noch eine dritte, entscheidende Macht: die Wirtschaft, zu deren Förderung Wissenschaft und Technik sich aufgerufen fühlen und von der sie selbst zugleich entscheidend gefördert werden. Die Wissenschaft will beobachten und verstehen, die Technik will benutzen und anwenden, die Industrie will herstellen und verkaufen, und so entsteht ein höchst eigenartiges, in gegenseitiger Abhängigkeit verflochtenes Dreigespann von Idealen und Interessen. Unsere wissenschaftsgläubige, fast wissenschaftssüchtige Epoche hat diese dreifache Macht nicht nur gefördert und zu immer kühneren Leistungen ermutigt, sondern sie auf einen Despotenthron gesetzt, dessen Herrschaft sie sich willig unterwirft. Aber solche Unterwerfung tut keinem Despoten gut, und so sehen heute manche ernste Warner Gefahren und unheimliche Bedrohungen für die Menschheit von jener dreieinigen Weltregierung herkommen, die doch zur Abwendung von Gefahren und zum Fortschritt der Menschheit ihr Regiment so hoffnungsvoll begonnen hatte. Wir wollen nicht so pessimistisch sein, sondern auf die Vernunft und Verantwortung derer vertrauen, die an der riesigen Wissenschafts-Maschinerie unserer Zeit tätig sind. Doch bleibt es bedenklich, mit welch frommer Demut, ja dankbarer Ergriffenheit heute selbst ganz unbegreifliche Ereignisse hingenommen werden, wenn sie nur von diesem Thron ausgehen. (Es ist gewiß kein Zufall, sondern eine deutliche Warnung, wenn sich Worte wie „fromme Demut“ aus dem Bereich der Religion hier anbieten, um das moderne Verhalten gegenüber der Technik deutlich zu bezeichnen.)

Manchmal kommt es dann vor, daß die großen Drei, Wissenschaft – Technik – Industrie, uns Erfindungen liefern, die einen fast unheimlichen Symbol-Charakter tragen und zur Wachsamkeit aufrufen. Von einer solchen Konstruktion, vom „Homunkulus“, soll hier die Rede sein.

Der erste wirkliche, mit allen Raffinessen der Technik erstellte künstliche Mensch liegt seit dem Sommer 1967 in einem medizinischen Labor der Südkalifornischen „School of Medicine“ und arbeitet dort. Er arbeitet tatsächlich im Liegen, denn seine Aufgabe ist es, einen Patienten zu ersetzen und so zur Ausbildung junger Ärzte zu dienen. Sie nennen ihn, den Patienten-Simulator, kameradschaftlich „Sim 1“ und hoffen, daß ihm bald „Sim 2“ folgen wird. Wir erfahren über Sim 1, der übrigens 1 Million Dollar kostet, daß er „genügend lebensähnlich“ ist, um seine Funktion zu erfüllen: körperfarbene Plastikhaut und sorgfältig modellierte Gesichtszüge zieren ihn, außerdem Augen mit beweglichen Pupillen, sowie Zähne, Zunge und andere innere Mundorgane. Brustkorb und Zwerchfell heben und senken sich im Atemtakt, und ein deutlicher Herzschlag ist hörbar und fühlbar. Alles wird von Computern gesteuert und elektronisch betrieben.

Seine eigentliche Leistung aber besteht darin, daß er auf Medikamente reagiert. So kann also der Student, der ihn narkotisiert, das langsame Atmen und den ruhigen Puls an ihm kontrollieren, kann durch andere Drogen den Herzschlag beschleunigen, kann beobachten, wie Sim die Augen schließt und dann durch geeignete Spritzen wieder wach wird. Schließlich kann der Professor durch einen Druck auf den Knopf bei Sim einen Kollaps herbeiführen: der Herzschlag setzt aus, und nun müssen schnell die richtigen Medikamente in seine Plastikadern „gespritzt“ (in den Computer eingegeben) werden, damit er gerettet wird. Sonst stirbt der arme Sim dem Studenten unter den Händen, die Lämpchen gehen aus, und das Examen ist verpatzt. Weiterer Schaden entsteht jedoch nicht, denn natürlich kann man Sim einfach wieder einschalten, wenn der nächste Student kommt.

Ob es wohl für künftige Patientengenerationen ein sehr beruhigendes Gefühl sein wird, von einem Arzt behandelt zu werden, der an einem Sim trainiert wurde und diesen Patient-Simulator schließlich so beherrschte, daß er das Examen bestand? Ob sich nicht die Angst einschleicht, was wohl geschehen mag, wenn man sich nicht genauso benimmt, wie es Sim in der gleichen Lage getan hätte?

Sims Bestimmung ist, eines Tages in Serie zu gehen, wesentlich billiger zu sein und gut abgesetzt zu werden. Die Bestimmung der Wissenschaft aber, die ihn schuf, ist der Fortschritt. So gehört es zum Stil unserer Zeit, daß in den Laboratorien bereits an der nächsten Sim-Generation gearbeitet wird. Hören wir, was die amerikanische Zeitschrift „Scientific Research“ über Sim 2 zu berichten hat: „Der Einbau innerer Organe ist vorläufig noch nicht vorgesehen, aber mit Sicherheit kann gesagt werden, daß die zweite Generation bluten und schwitzen kann und verschiedene Geschlechter und Altersstufen darstellt."

Da wird also bald ein Blutsturz während der Operation einfach so lange geübt werden, bis alles klappt. Man könnte auch an einen Operations-Wettbewerb denken, der von mehreren Studenten gleichzeitig an mehreren Sim-2-Exemplaren ausgeführt wird und bei dem im Falle gleichschneller Behandlung derjenige Bewerber siegt, dessen Sim am wenigsten geschwitzt und geblutet hat.

Wir können nur ahnen, was alles erst Sim 3 leisten wird. Vermutlich kann man ihm den Blinddarm herausnehmen und auch leichte Gespräche am Krankenbett mit ihm üben. Und wie geht es dann weiter? Wollten wir den Weg der Satire beschreiten, so müßten wir jetzt antworten: junge Mütter werden an Sim-Babies das richtige Füttern und Trockenlegen üben sowie die Behandlung kleiner Unfälle. Gleichzeitig werden zukünftige Lehrer an einer Klasse von Sim-Schülern in den neuesten Unterrichtsmethoden ausgebildet, und die Professoren lernen an Sim-Studenten die Kunst, keinen Kandidaten bei einer Prüfung durchfallen zu lassen. Wollten wir eine Utopie entwerfen, so müßten wir sagen: spätestens Sim 10 wird überhaupt nicht mehr von Studenten operiert werden, sondern von Doc 1, einem künstlichen Arzt. Und spätestens Doc 10 wird so vollkommen sein, daß keine unvollkommenen, menschlichen Ärzte mehr gebraucht werden; sie können alle umsatteln und als Plastikgießer und Computertechniker in die Sim-Fabriken gehen.

Solche gedanklichen Übertreibungen mögen zeigen, welche Gefahr in aller Technik steckt. Meist bleibt sie verborgen, während der Nutzen deutlich ist. Wer wollte leugnen, daß Sim einen gewissen Nutzen entfalten kann, da er nun einmal da ist. Wer auch wollte bestreiten, daß es ein gewisses wissenschaftliches Interesse bietet, eine Handvoll Sand vom Mond zu holen und in die irdischen Laboratorien zu bringen. Aber wenn solche Nutzeffekte wirklich der einzige Sinn von Menschen-Robotern und Weltraumfahrt wären, wer wollte dann bestreiten, daß sie gewaltige Fehlinvestitionen sind und dazu bedauerliche, angesichts des Leides in der Welt, das mit diesem Aufwand an Geld gelindert werden könnte.

In einer Welt, die neben Wissenschaft und Kunst auch das Spiel gelten läßt, hat auch eine technische Spielerei ihre Daseinsberechtigung. Die künstliche Ente, die der geniale französische Erfinder Vaucanson im 18. Jahrhundert baute, konnte zum Entzücken der Zeitgenossen schwimmen, gehen, fressen, trinken und sogar „verdauen", das heißt: die aufgenommenen Getreidekörner chemisch zersetzt als Brei am hinteren Körperende wiederaustreten lassen. Doch hatte niemand in jener Zeit den Einfall, solche künstliche Enten zur Ausbildung von Entenzüchtern zu benutzen, sondern jedermann bestaunte sie einzig als Spielzeug und glanzvolle Leistung eines Erfindergeistes.

Dies Beispiel mag zeigen, was uns angesichts von Sim 1 und anderen technischen Wunderapparaten angebracht erscheint: nicht eine grundsätzliche Ablehnung solcher Technik, aber doch eine kritische Gelassenheit gegenüber dieser künstlichen Welt, die uns heute entgegentritt und im Zuge des technischen Fortschrittes zunehmend als eine neue, zweite Schöpfung zu unserer eigentlichen Umwelt wird. Leben wir wirklich in der Welt der Wissenschaft, so muß es auch die Welt der kritischen Einschätzung aller Dinge sein, denn der kühle, wissenschaftlich-objektive Geist, der die Technik prägt, sollte auch frei von kritiklosem Enthusiasmus an ihre Produkte herantreten. Wir dürfen solche Produkte nicht so oberflächlich und ungeprüft annehmen und „verdauen", wie Vaucansons Ente ihre Körner. Wir sollten darüber wachen, daß Wissenschaft nicht das glänzende Verpackungsmaterial wird, mit dem jede Spielerei, jeder Fortschritt verkäuflich wird. Wir dürfen uns nicht irremachen lassen in der Gewißheit, daß die menschliche Eigenwürde, die Bibel nennt es die Ebenbildlichkeit Gottes, nicht allein von der Wissenschaft gefördert wird, sondern manchmal sogar vor der Wissenschaft geschützt sein will, nämlich immer dort, wo sie zum Götzen wird.

Wenn diese Gefahr erkannt wird, dann ist Sim 1 keine Bedrohung unserer Welt. Er mag dort liegen mit dem ausdruckslosen leeren Gesicht eines Pantomimen vor der Vorstellung, ja er mag eines Tages sogar lächeln, was nach Aristoteles' Meinung allein den Menschen vor allen Tieren auszeichnet. Wir können dann zurücklächeln und ihm sagen, was er für ein prächtiger Bursche ist. Und wenn er funktionierende Ohren hat – spätestens Sim 3 wird sie haben –, dann wird er vielleicht sogar ein wenig Stolz über solches Lob simulieren, und die Computer werden seinem Herztakt einige schnelle Schläge zulegen.

Flucht in die Wissenschaft

Die Wissenschaft ist für zahllose Menschen das neue Dogma unserer Zeit. Nicht, weil sie von so vielen verstanden wird (wer versteht schon ein Dogma?), sondern weil sie von so vielen geglaubt wird. Wo aber Wissenschaft zum Glauben werden kann und wo zugleich Theologie als Wissenschaft besteht, verschwimmen die Begriffe.

Nur ein einziges Mal in unserer abendländischen Geschichte, nämlich am Ende des vorigen Jahrhunderts, schien es eine klare Trennung zu geben, hier: Theologie und Gläubigkeit, dort: Naturwissenschaft und Ungläubigkeit. Welch schreckliche Vereinfachung, nur zu überbieten durch die Gleichsetzung von Ungläubigkeit und Wissen, die schließlich zur völligen Verkennung des Glaubens und zur falschen Alternative: Glauben *oder* Wissen führte! Da wußte einer, daß der Mensch vom Affen abstammte, und da glaubte ein anderer, daß Gott den Menschen geschaffen habe. Und wie eine ansteckende Zwangsneurose hat sich die Überzeugung auf eine ganze Generation gelegt, daß diese beiden Aussagen eine Entweder-Oder-Situation darstellten, an der sich die Geister zu scheiden hätten.

Zwar war jene Alternative falsch, aber die Situation, die sie schuf, war fast beneidenswert einfach: man glaubte, und zwar das ungeteilte christliche Dogma, und nahm die naturwissenschaftlichen Erkenntnisse nicht ernst. Oder aber man glaubte nicht, nahm also die Aussagen dieses Dogmas nicht ernst, und genoß statt dessen das Gefühl, in Wissenschaft, Rationalität und Intellektualität den Weg zur Einsicht in die wirkliche Welt gefunden zu haben.

Nur für einen kurzen Augenblick schien diese Trennung möglich. Er ist vorbei, und wir sehen heute jene klare Alternative angekränkelt durch die Erfahrung, daß einerseits große Wissenschaftler, vor allem einige unserer führenden Atomphysiker, den christlichen Glauben in ihr Leben hereinlassen, während andererseits Theologen auf breiter Front versuchen, den Glaubensinhalt für die wissenschaftliche Denkweise transparent zu machen.

In beiden Bemühungen werden schmerzlich getrennte Teile wieder zur Einheit zusammengefügt, und wohl niemand wird bestreiten, daß solche Einheit wünschenswert ist, wenn sie nur möglich wäre. Aber ist sie das? Muß nicht eines der beiden Teile zu kurz kommen oder mit Gewalt gestutzt und passend gemacht werden, damit diese Einheit von Glauben und Wissen zustande kommt, die in unserer nüchternen Zeit fast wie ein ferner romantischer Traum erscheint?

Wir müssen, um hier zu antworten, uns vor allem darüber einig sein, was denn Glauben und Wissen eigentlich sei. Worte allein helfen nicht weiter, nicht immer zeigen sie den Begriff, der dahinter steht: manchmal verbergen sie ihn. Aber wir können ihn fühlen: Wissen ist Stärke, ist Schutz und Sicherheit als unverlierbarer Besitz. Denn was jedermann anerkennen muß, was niemand bezweifeln kann, daran kann ich mich halten, und das beweist in seiner Klarheit auch mich und dient mir als feste Stütze auf schwankendem Grund. Für solchen Gewinn muß dann in Kauf genommen werden, daß Wissen karges Brot ist, das den Verstand nährt, aber das Gemüt hungern läßt. Quantitäten, unbezweifelbare Wellenlängen, sichere Zahlen und Fakten geben dem Verstand, wessen er bedarf. Aber die Qualitäten, die Farben und alles, um dessentwillen eines jeden Leben eigentlich lohnt, bleiben ausgeschlossen, in seltsamer Vorläufigkeit geduldet, nicht hoffähig und nur auf Widerruf zugelassen am Tische der Wissenschaft.

Wo Wissen von solcher Art ist, wo Stärke, Schutz und Sicherheit dringend aufgesucht werden, da ist einer auf der Flucht, und zwar auf der Flucht *in* die Wissenschaft. Wovor aber flieht er? Vor der Qualität in die Quantität, vor der Subjektivität in die Objektivität, vor der Last der Entscheidung in die Starre der Gesetzmäßigkeit, mit einem Wort: vor sich selbst! Vor der vollen Last, die ein jeder mit sich selbst hat in der qualvollen Disharmonie von Wissen und Gefühl, von Verstand und Gewissen. Er flieht aber auch vor jeder Möglichkeit, die geheimnisvolle Harmonie zu erleben, zu der alles dieses sich in ihm fügen könnte.

Wer ganz in solcher Harmonie lebt, dem kann das Wissen schließlich als eine Gefahr erscheinen, wie sie Augustinus sah, der sich selbst erbarmungslos und vorurteilsfrei erforschte und so verächtlich sprach von der „hohlen und neugierigen Forschungssucht, die man Wissen und Wissenschaft nennt". Aber auch ganz andere, unserer Zeit viel nähere Geister haben empfindlich, ja überempfindlich reagiert gegen das Wissen, wo es sich die Vorherrschaft anmaßte. So klagte Schiller (1797) über Alexander von Humboldt und verurteilte dessen „nackten, schneidenden Verstand, der die Natur, die immer unfaßlich und in allen ihren Punkten ehrwürdig und unergründlich ist, schamlos ausgemessen haben will und – mit einer Frechheit, die ich nicht begreife – seine Formeln zu ihrem Maßstab macht"! Armer Schiller! Uns heutigen erscheint Humboldt als ein liebenswürdig romantischer Naturforscher jener Epoche, die das Wissen und den Glauben noch harmonisch vereinigte.

Aber was ist nun dieser Glaube? Gewiß eine Haltung, die tief verwandt ist mit Erwartung und Hoffnung, die – wohin sie sich auch im einzelnen wendet – sich mit P. Tillich als „radikale Offenheit gegenüber dem Unverfügbaren" versteht, sich eine Blöße gibt, verwundbar und anzweifelbar bleibt. Ist solcher Zweifel allgemein, wie die rationale Kritik an der Religion schlechthin, so erfordert der Glaube Stärke, ja eine selbstbewußte Gewißheit der eigenen Unbezweifelbarkeit. Hier liegt die Gefahr einer pharisäischen Selbstgefälligkeit, auf die gerade der Intellektuelle mit empfindlichster Abwehr reagiert. Denn wo der Glaube die Unsicherheit verleugnet, die doch sein schmerzlicher Teil ist, wo er stolz und sicher auftritt und wo sein „Credo quia absurdum" nicht als Verzweiflungsschrei verstanden wird, sondern als Herausforderung an die Vernunft, da verliert er seine Größe und wird zum Gegenstück des Wissens, das wir eben schilderten: zum Rückhalt für die Flüchtenden um den Preis der Harmonie der Teile.

Wissen soll nicht als Schutzwall der Schwachen, Glauben nicht als Trutzburg der Starken mißbraucht werden. Beide bedürfen der richtigen „Entmythologisierung", damit sie wieder selbstverständlich nebeneinander Platz haben in Kopf und Herz eines jeden. Wohlgemerkt: beide im Herzen und beide im Kopf. Man muß dazu allerdings mit dem Vorurteil aufräumen, daß sie so etwas wie Gegensätze oder Feinde seien. „Habt Vertrauen zum Glauben, dem großen *Freund* der Intelligenz" rief der Papst in seiner Botschaft zum Abschluß des Vatikanischen Konzils den „Denkern und Wissenschaftlern" zu. Niemand muß seinen Glauben verleugnen, um die Welt zu verstehen, niemand seinen Verstand verleugnen, um zu glauben. Dazu aber sollten wir einsehen, daß die Spannung zwischen diesen beiden großen Kräften unseres Geistes nicht neu ist, nicht das spezielle Problem unserer Generation, sondern eine uralte Bedingung der menschlichen Existenz.

Daß der ungeheure Fortschritt der Wissenschaft heutzutage diese Grundsituation gegenüber dem biblischen Altertum wirklich und bis in die Wurzel verändert habe, ist nicht wahr. Es ist lediglich eines der unausrottbaren Vorurteile unserer Zeit, in der doch zugegeben werden müßte, daß gerade von den großen Physikern und Mathematikern, also den wenigen Menschen, die den ganzen Fortschritt der Naturwissenschaften geistig mitvollziehen können, einige durch ihr Bekenntnis diese Unvereinbarkeits-Hypothese Lügen strafen. Gegenüber diesem nur von den wenigsten erlebbaren Abenteuer der Vernunft dürfen wir für die große Mehrheit der Menschen feststellen, daß sich die Qualität ihrer Argumente gegen die Zumutung des Glaubens in den letzten 1900 Jahren nicht wesentlich gewandelt hat.

Nicht die Schöpfungsgeschichte der Bibel und die moderne Evolutionstheorie der Biologie stehen sich hier unvereinbar gegenüber, sondern seit eh und je die Verkündigung von der Liebe und Güte Gottes und die alltägliche, von jedermann erfahrbare Gewißheit von Leid und Schmerz in der Welt. Am Grabe eines geliebten Menschen wird der Glaube zutiefst auf seinen Bestand geprüft, nicht angesichts der Planetengesetze oder der Relativitätstheorie. Wegen des Vollkommenheitsanspruches der Gläubigen, die an ihrer menschlichen Unvollkommenheit und ihrem Versagen doch deutlicher kenntlich sind als an ihren Erfolgen, fehlt vielen der Mut zur Entscheidung für ihren Weg – nicht aber weil die moderne Technik und Medizin, Forschung und Verwaltung ein Leben auch ohne solche Entscheidung ermöglicht.

So sind wir nicht viel weitergekommen als die zagenden, zweifelnden Jünger des Evangeliums, ja müssen sie sogar beneiden um die Wunder und Zeichen, die ihnen geschahen und ihre Entscheidung erleichterten. Nicht Glaubens-Unfähigkeit, sondern Glaubens-Unwilligkeit ist zu allen Zeiten das wirkliche Problem der Religionsverkündigung gewesen. In solche Unwilligkeit hinein erklang das Evangelium schon den ersten Christen und war auch den Heiden vernehmbar, „also daß sie keine Entschuldigung haben“.

Die sich dagegen wehrten, waren einerseits die Juden, ein tief in seinen Mythen ruhendes Volk, das nach dem Wunder verlangte, das ihre Zweifel beseitigen und ihre Zustimmung erzwingen sollte. Auf der anderen Seite waren es die wissenschaftlich denkenden Griechen, die sich wünschten, durch einleuchtende, alles bisherige Wissen übersteigende Weisheit überzeugt zu werden. Die Juden riefen nach dem überwältigenden Mythos, der ihr Gemüt mit neuem Glauben erfüllen sollte, die Griechen nach intellektueller Enträtselung der Welt, die ihr Wissen mehren und ihren Verstand befriedigen könnte, beide aber nach dem bequemen Weg, der die weitere Entscheidung erspart.

Wo es um Glauben und Wissen geht, sind viele von uns bis auf den heutigen Tag solche Juden und Griechen geblieben, und so gilt noch immer, was der Apostel Paulus beklagte: „… sintemalen die Juden Zeichen fordern und die Griechen nach Weisheit fragen, wir aber predigen den gekreuzigten Christus.“ Und für alle Zukunft mag es weiter von dieser Botschaft heißen „… den Juden ein Ärgernis und den Griechen eine Torheit“.

Als die Engel starben

Wenn man als Naturwissenschaftler mitten in diesem Jahrhundert der Biologie nach der Religion Ausschau hält oder nach dem, was von ihr übrigblieb nach zweihundert Jahren Aufklärung, so bietet sich ein verwirrender, ja um ein herausforderndes Wort zu gebrauchen: ein erbarmungsvoller Anblick. Die festen Bastionen, an denen die ersten Angriffe der Naturwissenschaft noch so machtlos abprallten, sind geschleift, die Truppen zurückgenommen, und fast hat man den Eindruck, als wenn das verlorene Häuflein derer, die den innersten Festungskern noch halten, weniger wegen seiner ungebrochenen Kraft überlebt als nur deshalb, weil die Schlacht bereits geschlagen ist und vorüber und niemand es mehr des Aufwands für wert hält, letzte Widerstandsnester auszuräumen. Die Religion scheint müde geworden, und das Feldgeschrei „Gott ist tot" klingt so altmodisch, wie der Gegenruf „Gott ist nicht tot" mutlos klingt in einer Zeit, der ein schlimmeres Wort droht: die Diskussion um Gott ist tot! Der evangelischen Kirche prophezeite in diesen Tagen einer ihrer Generalsuperintendenten resigniert für die nächsten zwanzig Jahre das Ende, und zwar auf dem Wege der „natürlichen Ausblutung ohne dramatische Konflikte".

Sollte die Wissenschaft wirklich einen totalen Sieg errungen haben über die Religion, sie überrollt haben als das Bessere in der Evolution des Geistes, so, wie die Säugetiere in der Kreidezeit als die Besseren die alten Saurier und Riesenechsen überrollten und zum ruhmlosen Aussterben verurteilten, so daß sie nur in den Mythen der Völker und den Träumen der einzelnen als Drachen und Seeungeheuer noch ein Schattendasein führen?

Es wäre schlimm, wenn dieser Vergleich zuträfe, am schlimmsten für die Wissenschaftler selbst, deren Feldzug der Aufklärung doch der Befreiung der Menschheit aus der Unmündigkeit gelten sollte. Sie ständen betroffen vor einem Siege, bei dem sie den Befreiten mit den Fesseln zugleich die Hände abgeschlagen und mit den Binden von den Augen zugleich die Augen selbst weggerissen hätten. Und unerträglich würde es, sollte ihnen für diese Befreiung gar noch die Dankbarkeit der Menge gelten, die durch solche Aufklärung zu neuer Unmündigkeit verurteilt wäre, von der sie freilich ohne Hände und Augen weder fühlen noch sehen könnte!

Solche Bilder sind grobe Verzerrungen der Wirklichkeit, doch zeigen sie mögliche Gefahren und fordern auf zur Besinnung über das, was ihnen zugrunde liegt.

Dieser Sieg, der totaler zu sein scheint, als die Wissenschaft ihn wollte oder auf die Dauer zulassen könnte, ist die Folge der tiefen Unsicherheit, die nach vielen Jahrhunderten wohletablierter Ruhe so plötzlich über die Theologie gekommen war und sie an ihrem sicheren Besitz irre werden ließ. Seit D. Fr. Strauß war auch in der Theologie der Einbruch der historischen Wissenschaft in die Offenbarungstexte erfolgt, den Lessing und Voltaire hundert Jahre früher vorbereitet hatten. Alles, was als eine „gewisse Zuversicht" den Gläubigen erfüllt hatte, war radikal in Zweifel gestellt worden, und er fühlte sich, wenn er den intellektuellen Sturmzeichen der Zeit folgen wollte, vor eine „peinliche Alternative" gestellt, wie Fr. Th. Vischer es nannte: entweder im Widerspruch mit Vernunft und Erfahrung das unbedingte und allgemeine Walten der Naturgesetze zu leugnen oder die Wunderberichte der Bibel schlechthin für unwahr zu erklären.

Lähmend für die Theologie war in diesem Geisterstreit, der eine tiefe Pubertätskrise der Menschheit einleitete, das Gefühl der Verlorenheit, das sich ausbreiten mußte, wo der ‚Heilige Geist' so offensichtlich auf der anderen Seite focht. Denn die Gegner jenseits des Grabens hatten recht, wie sich nach verzweifeltem Leugnen schließlich auch der letzte Dogmatiker eingestehen mußte: der Mensch stammte wirklich vom Affen ab, die Welt war wirklich nicht in sieben Tagen, Eva wirklich nicht aus Adams Rippe entstanden, um nur einige Wunder des Alten Testaments zu erwähnen.

Es mag sich im Herzen dieser Theologen ein ähnliches Gefühl der Verlassenheit eingestellt haben, wie es die Evangelien von den Aposteln berichten, denen unterm Kreuz endgültig klarwerden mußte, daß wirklich das Königreich ihres Herrn nicht von dieser Welt ist. Nietzsches „Gott ist tot" hallt von einem zweiten Golgatha, indem wir schmerzlich erkennen müssen, daß auch im Geistigen das Gottesreich nicht von dieser Welt ist.

So mußte sich notwendig innerhalb der modernen Theologie eine neue Haltung finden, wie bei den nach-österlichen Aposteln auch. Man könnte es das stille Pfingstwunder der Theologie nennen, denn nun begann sie, die Sprache der Naturwissenschaft zu sprechen: unsere Sprache in unserer Zeit. Sie wandte sich entschlossen gegen jeden Mythos, denn „der Mythos objektiviert das Jenseitige zum Diesseitigen" (Bultmann). Will man Jenseitiges vor objektivierender Mißdeutung bewahren, so muß man es also im Jenseits belassen, und man muß es nachdrücklich als nur mythologisch ins Jenseits zurückverweisen, wenn es sich diesseitig präsentieren will. „Entmythologisierung" nennt Bultmann diesen Prozeß, den er und seine Schüler mit radikaler Entschlossenheit durchführen und der auch auf die katholische Theologie zunehmend übergreift. Dabei weist man schließlich auch im Neuen Testament alles, was gegen die Naturgesetze steht oder wissenschaftlich unbeweisbar bleibt, in die Jenseitigkeit zurück: die Wunderberichte, die Auferstehung, ja Kreuz und Leben Jesu selbst und seine Taten und Worte. So bliebe letztlich nur das als diesseitiger Kern des Christentums, was Lessing das Testament Johannis nannte: das mahnende, letzte Wort des greisen Apostels an seine Epheser Gemeinde: „Kindlein, liebet einander!"

Ein moralisches Gesetz, Theologen und Naturwissenschaftlern, Juden und Griechen gleich verständlich. Aber wird dort, wo Religion sich zur Moral verdünnt, nicht Kirche letztlich überflüssig, wie auch der edelste Stoff fade wird, wenn man ihn zu stark mit klarem Wasser verdünnt? In diesem modernen Bildersturm der Entmythologisierung ist die Theologie der ‚reiche Jüngling', der nun doch endlich alles verkauft und die Armut auf sich nimmt als Preis der Seligkeit. Kann aber eine geistig arme Kirche in der nüchternen und schmucklosen Kälte ihrer entmythologisierten Diesseitigkeit noch der Tempel sein, an dessen Altarfeuer die Gläubigen Geborgenheit und Wärme suchen und die tröstliche Zuversicht eines Jenseits? Sie kann es gewiß nicht, doch fehlen dem Kopf nach solcher Selbstentleibung auch die Glieder – um in paulinischer Mythologie zu sagen, was schlicht diesseitig ausgedrückt hieße: es wird in einer voll entmythologisierten Wissenschaftswelt keine Gläubigen mehr geben, die an solchem Altar noch Wärme suchten. Das Unzulängliche, hier wird's Ereignis.

Was auch immer das Jenseits eigentlich sei – und wenn wir es hier nur schlicht als Unbeschreibbares, Unerforschbares, Unverstehbares fassen –, es ist mit dem Diesseitigen viel inniger und vielfältiger verwoben, als es eine Theologie vermutete, die der Hoffnung anhing, beide Bereiche durch Entmythologisierung scharf trennen zu können. Die Wissenschaft hat solche Hoffnung längst aufgegeben. Je weiter sie über allererste Anfänge fortschreitet, um so klarer erkennt sie, wieviel Jenseitiges selbst in der einfachsten diesseitigen Aussage enthalten ist. Das gilt für jeden Satz unserer Sprache; er hat mythologische Tiefen, mit denen er – könnte man ihn entmythologisieren – zugleich seine Kraft verlöre und seinen Wert. Das gilt sogar für die Mathematik, die „reinste" aller Wissenschaften. „Parallele Geraden treffen sich im Unendlichen" wäre ein solcher Mythos im strengen Sinne der Bultmannschen Definition. Kein Mathematiker wird hier entmythologisieren, denn mit diesem Mythos läßt sich rechnen, besser sogar als mit der entmythologisierten Formel: Parallelen treffen sich nie! Die physikalische Erkenntnis, daß Licht Korpuskel und Welle zugleich sei, ist ein Mythos, sogar mit der „peinlichen Alternative" eines Widerspruches in sich selbst. Doch auch mit diesem Mythos läßt sich rechnen, sogar nur mit ihm, denn nur er ist der erkennbaren und erfahrbaren Wirklichkeit angemessen. So bewegt sich die Wissenschaft also ständig auf dem gleichen Grund, den ihr die Religion nicht länger anzubieten wagte: Jenseitiges und Diesseitiges untrennbar verwoben, rationale Oberfläche und mythologische Tiefe überall, vor allem im Menschen selbst. Vor dem „Mythos vom voraussetzungslosen, objektiven Gelehrten" warnte der große Physiologe v. Buddenbrock (1951) und stellte sogar fest: „Der Mensch ist streng logisch im besten Falle dort, wo er innerlich völlig uninteressiert ist!"

Sollte die Theologie in dem selbstentäußernden Eifer der Entmythologisierung also zu weit gegangen sein, statt der Wissenschaft entgegen, an ihr vorbei? Es sieht so aus, aber wenn die Theologie in ihrem Bemühen den Kern nicht traf, so liegt das daran, daß die Wissenschaften selbst sich wandelten und heute an einem anderen Ort stehen als zu einer Zeit, in der noch Jacob Burckhardt in ihnen „unsere einzigen uneigennützigen Kameraden" auf dem Wege zur Erkenntnis sah.

Der moderne Naturwissenschaftler hat lernen müssen, mit Tatsachen, Theorien und Hypothesen und auch mit dem Mythos in seinem Fach zu leben, und hat solchen Mythos schätzen gelernt als die einzige Möglichkeit, nicht nur die Oberfläche, sondern die ganze existentielle Tiefe der Wirklichkeit zu erfassen. Er hat sich weit entfernt von dem Vollgefühl eines Haeckel, der die Welträtsel für gelöst hielt. Er arbeitet mit einem Atommodell, von dem er sehr wohl weiß, daß es „eigentlich" so gar nicht existiert, er berechnet Elektronen-Orte, die es so gar nicht geben kann, spricht von Wellenpaketen und negativer Materie, was jeder Vernunft widerstrebt. Als Biologe denkt er in Klassen (Ordnung, Gattung), die definitorisch nicht faßbar, in Mutationen und evolutiven Trends, die reine Signaturen sind, ebenso wie Bauplan, Organisation und Gestalt, von denen er spricht, wie der Psychologe von Anlagen und Trieben, von Intuition und Kreativität; in allen diesen Begriffen objektiviert er Jenseitiges zu Diesseitigem – und er tut dies mit gutem Gewissen, denn wie anders sollte er Jenseitiges überhaupt behandeln?

Der Abschied von solchen Mythen wäre wissenschaftliche Resignation! Jeder Erwachsene – der Wissenschaftler so gut wie der Theologe – kennt im Rückblick auf seine Kindheit den wehmütigen Schmerz, den der Auszug aus der bunten Welt kindlicher Mythen bereitet. Was der Verstand gewann an Einsicht, das verlor das Gemüt an Inhalt, als die Märchenwelt sich entvölkerte und als Engel und Dämonen, Feen und Zwerge im Windhauch des kalten Verstandes welkten und starben wie Blüten im Frost. Zwar empfand er, „dem Knaben gleich, der Disteln köpft“, dies alles im ersten Jubel der Aufklärung als einen Sieg des Diesseits über das Jenseits, aber wenn der Siegestaumel verklingt, dann zeigt sich, daß er Sieger und Besiegter zugleich war in einem unwirtlichen, um seine Mythen verarmten Diesseits. Neue Mythen stellen sich ein in der mündigen Welt, und sie vertrösten die Sehnsucht nach dem verlorenen Goldenen Zeitalter der Kindheit, dessen Reichtum eben das unbefangene Wandeln in zwei Welten war: im Diesseits, als sei es jenseits, und im Jenseits, als sei es hier. Erst wenn das Mißtrauen gegen die Mythen sich entkrampft zu einer Haltung, die mehr Wehmut als Groll ist, hat sich der Verstand zu voller Mündigkeit gewandelt.

Solche gewandelte Naturwissenschaft ist frei für den mündigen Umgang mit dem Mythos, sie wird die Begegnung mit ihm auch in der Religion nicht scheuen, sondern mit Gewißheit erwarten und suchen. Der Urtyp des Wissenschaftlers, Dr. Faustus in seinem nach-österlichen Studierzimmer, wagt sich an das am meisten mythologische unter den Evangelien als an das „heilige Original“. Er ringt mit dem Übersetzen des „Logos“ wie sein heutiger Nachfahre mit dem der Materie, der Energie, der Zeit. Und in der mythologischen Fassung des Schöpfungsberichts, die der Jahwist der Genesis enthüllt, wird der moderne Wissenschaftler in einer neuen, mündigen Unbefangenheit sich den jenseitigen Geheimnissen wieder so nahe fühlen wie sein unkritischer, schlicht-frommer Vorgänger vor der Galileischen Wende. Die entmythologisierte „Priesterschrift“ der Genesis ist ihm da nicht näher, sie ist nicht leichter zu glauben, nur weil sie leichter zu verstehen wäre!

Es ist eine Fehleinschätzung der Ratio, wenn die Theologie meint, ihr den Glauben erst durch Entmythologisierung annehmbar machen zu können. Gewiß ist die Zumutung des

Glaubens nach den Abenteuern der Vernunft zu einem Abenteuer des Glaubens geworden; aber nicht die Evolutionstheorie oder die Planetengesetze stehen solchem Abenteuer entgegen, sondern eine Glaubensunwilligkeit oder – oft schmerzlich empfundene – Glaubensunfähigkeit, für die solche formalen Schwierigkeiten nur vordergründige und willkommene Anlässe sind, eine existentielle Schwäche zu verdecken, die den Sprung nicht wagt.

Aber nicht nur die Theologie hat die Wissenschaft hier verkannt, sondern auch die Wissenschaft muß umdenken, wo es um die wesentlichste Äußerung der Religiosität und damit um den Kern der Theologie geht. Die Wissenschaft muß ein neues Verständnis des Glaubens erlernen, der gar nicht mehr ein Für-wahr-Halten dessen ist, was sie widerlegen könnte, und der darum auch nicht länger ihr Gegner ist. Gerade in Bultmanns Schriften wird klar, daß es beim Glauben nicht um Erkenntnis geht, sondern um Anerkenntnis. „Anerkennung des Urteils Gottes für die eigene Existenz" – wenn wir den Glauben so verstehen, wird er zu einem Akt des Gehorsams, der Disziplin und auch der Selbstachtung, sein Gegensatz ist nicht das Wissen, sondern die Anmaßung und Hybris.

Es ist nicht einzusehen, warum das Abenteuer des freien Gehorsams und der Demut angesichts eines Jenseits, das in unsere Diesseitigkeit hereinschimmert, den Menschen als Naturwissenschaftler grundsätzlich anders beanspruchen sollte als den Theologen. Wo letzten Endes die Theologie zur Überzeugung gelangt, daß es eine Wissenschaft von Gott nicht geben kann, bricht sie die Schranken nieder zu einer Wissenschaft, die ihr nur dies vorzuwerfen hatte. „Die Religion ist nicht der Wissenschaft und ihrem Weltbild ausgeliefert", sagte Karl Rahner vor kurzem, und fuhr fort: „von Gott stammeln zu können ist letztlich entscheidender, als von der Welt exakt zu reden." Ihm klingt das Wort des Wissenschaftlers C. Fr. von Weizsäcker über die Theologen entgegen: „Sie bewahren die einzige Wahrheit, die tiefer reicht als die Wahrheit der Wissenschaft, auf der das Atomzeitalter ruht; sie bewahren ein Wissen vom Wesen des Menschen, das tiefer wurzelt als die Rationalität der

Neuzeit. Der Augenblick kommt, in dem man, wenn das Planen scheitert, nach dieser Wahrheit fragt und fragen wird."

Moderne Wissenschaft und Theologie sprechen hier in pfingstlicher Gemeinschaft die gleiche Sprache, sie „reden in Zungen", und jeder versteht sie, weil es jeden zutiefst angeht. Freuen wir uns, die großen Kräfte der Menschheit nicht gegeneinander gerichtet zu sehen, sondern zu einem neuen Miteinander! Es ist dringend nötig, wenn überhaupt auf das Jahrhundert der Wissenschaft und Technik und auf das der drohenden Gefahr menschlicher Hybris noch ein neues Jahrhundert folgen soll.

Der sogenannte Affe

Es geht ein Gespenst um in unseren Landen und überall dort, wo fleißige Illustriertenleser jede Woche einmal die gelösten Welträtsel frei Haus geliefert bekommen. Wie jedes Gespenst erfüllt auch dieses seine Umwelt mit einer Mischung von Schrecken und verhaltenem Vergnügen: was spukt, ist stets der allgemeinen Aufmerksamkeit sicher. Das Gespenst des „nackten Affen" erschien jeden Montag, und zwar an jedem Zeitungsstand*. Es ist also zuverlässiger als feudale Schloßgespenster früherer Zeiten, es ist ein voll demokratisiertes Gespenst, jedermann zugänglich und spätestens im Wartezimmer des Zahnarztes auch kindlichem Forschungstrieb ausgesetzt. Leider ist es nicht leicht zu vertreiben; auch wenn der letzte Schlag der Mitternachtsstunde verklingt, spukt der nackte Affe weiter. So muß man hoffen, daß ihn das einzige bannen wird, wogegen jedes Gespenst machtlos ist: ein weltweites Gelächter.

Der nackte Affe ist die Schaumkrone in der allgemeinen Sexwoge, die unsere Illustrierten durchbrandet. (Warum gerade die Illustrierten? Sehr einfach: der nackte Affe ist ein Augentier!) Wie der Mensch wurde, was er ist; warum wir so sein dürfen, wie wir sind – das alles ist wissenschaftlich erforscht worden von götterähnlichen Männern im weißen Ärztekittel, und wird dem erstaunten und zutiefst aufgewühlten Leser vorgeführt: nicht heimlich als pornographische Kür, sondern recht öffentlich als verpflichtende Bildungslektüre. Nach dem Kin-

---

* Im Frühjahr 1968 druckte die Illustrierte „Stern" als wöchentliche Fortsetzungsserie den Bericht „Der nackte Affe" von D. Morris ab. Inzwischen ist der Bestseller in Hunderttausenden von Exemplaren verbreitet und überschwemmt als Taschenbuch die Schaufenster.

sey-Report kam der Masters-Report; die nackte Bilanz aus allem ziehen Kolle und Morris, und alle diese Serien bringen den detaillierten Blick durch tausend Schlafzimmer-Schlüssellöcher tief hinein in die Stille der Intimität: Voyeur-Glück zu volkstümlichen Preisen. Ist es die weihevolle Freude, das Unerforschliche erforschbar gemacht zu haben? Ist es der Sieg der Konsequenz der Wissenschaft gegenüber dem Urerlebnis der Individualität und ihrer Überwindung in der Partnerschaft der Liebe, was hier gefeiert wird? Oder ist es schlechthin der hormonale Treibsatz, der beim Leser gezündet werden soll, um die schwere Rakete des durch viele Tabus belasteten Selbstgefühls zu rascher Umlaufbahn in die Intimsphäre zu schicken?

Wissenschaft jedenfalls ist es nicht, was da verbreitet wird! Und wenn die turbulente Symphonie in allen Massenmedien auch „fortissimo et molto scientifico" gespielt wird, so ähnelt sie doch weit mehr einem heidnischen Bacchanal als einem Oratorium. Man muß die Wissenschaft schützen vor dem ständigen Mißbrauch als Gleitmittel für die Konsumgüterindustrie. Nur so wird man vermeiden können, daß Aufklärung, das offizielle und hochlegale Ziel aller Artikelserien und Bücher der Sexwoge, zum Gegenteil von dem umschlägt, als was Kant sie einst verstehen wollte, und zum Aufbruch wird in eine neue selbstverschuldete Unmündigkeit!

Wissenschaft ist auch Neugier: hier begegnen sich der Voyeur und der Sexualforscher, und ihre Absichten verstricken sich zu einem Gordischen Knoten, den nur ein Psychotherapeut noch durchschlagen kann. Aber wer würde wagen zu behaupten: Wissenschaft ist nichts als Neugier! Vom göttlichen Funken des faustischen Dranges bis zur sündigen Lust nach der Frucht vom Erkenntnisbaum reicht das weite Feld mythologischer Bilder, die den menschlichen Urtrieb nach Wissen umschreiben. ‚Nichts als' Neugier: das hieße eine unzulässige Entmythologisierung eines echten Menschenmerkmales. Der Forscher ‚nichts als' ein neugieriger Affe? Nicht nur er selbst wird dagegen protestieren, sondern noch viel stärker alle die Zeitgenossen, die ihn als Monument der Heilserwartung so hoch auf die leeren Podeste ihres Götterhimmels gesetzt haben und nun ergeben auf alles warten, was von dort wie Manna herabtropft an klaren wie an trüben Wassern.

Der Mensch ist *auch* Menschenaffe (Primat), die biologischen Wurzeln unseres Wesens sind die gleichen wie die der Tiere, unser Leibes- und Liebesleben vollzieht sich an Körperteilen und mit Verhaltensweisen, die denen ‚anderer Affen' ähneln. Aber sind wir deshalb *nichts als* Affen? Kein Wissenschaftler wird dem Menschen die Freiheit nehmen wollen zur eigenen Entscheidung für das, was er sein will und wie er sich verstehen will. Er wird – sozusagen zähneknirschend – ihm auch die Informationen liefern müssen, deren voreilige Deutung zur Entmythologisierung des Menschen als nackter Affe führen kann. Aber er muß dem Mißbrauch der Fakten mit gleichem Impuls und gleicher Kraft entgegentreten, mit der er diese Informationen im Felde der Forschung erarbeitete: mit der Leidenschaft für die Wahrheit.

Die Aufklärung, die dringend nottut, um eine neue, selbstverschuldete Unmündigkeit unserer Zeit zu vermeiden, ist nicht die über naturwissenschaftliche Parallelen zwischen dem Affen und dem Menschen, sondern die über den rechten Gebrauch wissenschaftlicher Fakten für den Aufbau eines Weltbildes, das unserem sicheren Gefühl von der Grenze zwischen Mensch und Tier entspricht.

Sollten sich nicht sehr viel „Fachidioten" heute unter den gebildeten Laien befinden, mindestens so viele in den Redaktionsstuben wie an den Universitäten? Es gibt zweifellos viele vom Grill der Volksaufklärung oberflächlich mit einer Wissenskruste überbackene moderne Menschen, denen zwar der Unterschied zwischen Laser und Maser oder zwischen Sterilität und Frigidität geläufig ist, die aber keinen Unterschied zu machen gelernt haben zwischen wissenschaftlicher Beschreibung von Fakten und unwissenschaftlicher Deutung dieser Informationen.

Wenn ‚die Wissenschaft' heute feststellt, daß die Ohrläppchen des Menschen erogene Zonen sind, so bringt sie damit nur eine Erfahrungstatsache „modo scientifico" zur Kenntnis, die jeder interessierte Amateur sowieso kennt, ohne sich deshalb

Sexologe zu nennen. Wie nach jeder derartigen Beschreibung eines Faktums dreht sich die Welt weiter, als sei nichts geschehen, und man möchte ihr beistimmen: es ist nichts geschehen. Wenn man aber, mit Morris, sagt: alle verfügbaren, gut durchbluteten Hautstellen mußten beim nackten Affen schon als Ausgleich für den der Konzeption so hinderlichen aufrechten Gang in den Dienst der Sexualität gestellt werden, und deshalb ließen sich unsere Vorfahren wohlgeformte Ohrläppchen wachsen (die schönsten unter allen Primaten) – dann ist das nicht wissenschaftliche Beschreibung, sondern etwas ganz anderes, nämlich ein Unrecht. Zunächst schon an der Sprache, denn für den Biologen klingt eine solche Aussage, wie es für einen Techniker klingen würde zu hören: die Autos sind zur Überwindung von Glatteis da und lassen sich deshalb in modernen Ausführungen Spikes an den Rädern wachsen.

Unsachgemäße Ausdrucksweise allein wäre aber nicht das schlimmste, sie brächte im deutschen Aufsatz vielleicht noch eine ausreichende Note. Schlimm dagegen ist die Deutung, die zugleich damit gegeben wird. Dieses fatale ‚nichts als' ist das Unrecht, das gegen den Geist der Wissenschaft so sehr verstößt wie gegen das Gebot der Achtung vor dem Nächsten, dessen wissenschaftliches Fell nicht dick genug ist, um sich selbst gegen den Meteoritenschwarm solcher Aufklärungspfeile zu schützen. Solche Aufklärung klingt dann so: die Ehe ist nichts als ein notwendiger Trick der Evolution, um die Aufzucht der Jungen trotz verlängerter Kindheit in Arbeitsteilung zu bewältigen; die individuelle Liebe ist nichts als ein Kniff, um die für den Fortbestand der Sippe ungünstigen Rivalenkämpfe einzuschränken, und schließlich (der absolute Gipfel!): das Liebesglück ist nichts als ein Mittel der Natur, mit dem zur Empfängnisförderung erreicht wird, daß die Partner nach ihrer Vereinigung noch eine ausreichende Zeit in physiologisch günstiger Position verharren. Das sind Fehlleistungen von wahrhaft gigantischem Ausmaß!

Ist Wissenschaft das Brot der Armen? Ist sie das moderne Opium fürs Volk? Sie ist – soviel steht fest – in Gefahr, für beides mißbraucht zu werden: als Ersatz für das, was eigentlich nötig wäre, um das Wachstum und die physische Existenz der Menschheit zu sichern, und zugleich als Rauschmittel, um für eine utopische Zukunft (die schon begonnen hat) vorzugaukeln, was die Gegenwart vorenthält.

Aber es gibt einen dritten Mißbrauch, schlimmer als karges Brot und bunte Träume: Wissenschaft wird zum Ablaßhandel unserer Zeit. Wie gerne mißverstehen wir eine ‚Naturgeschichte der Aggression' so, als könnten wir hier für einen mäßigen Preis den Ablaß erwerben für unsere Sünden, nämlich die Bescheinigung, daß das ‚sogenannte Böse' in uns *nichts* als ein gesunder Aggressionstrieb sei, der sich eben irgendwie und irgendwo ausleben müsse, wenn wir gesund und normal sind, und der also letztlich die Achsen schmiert, die die Räder dieser Welt drehen. „Sündige tapfer! ...", was freilich nur die eine Hälfte eines bekannten Luther-Zitats wäre. Konrad Lorenz hat das ‚sogenannte Böse' gewiß nicht so gemeint, aber je größer einer ist als wissenschaftlicher Beschreiber dieser Welt, um so größer wird auch die Gefahr, daß sein Wissen unter falsche Deuter fällt. Kein Wunder denn auch, daß Lorenz später schrieb: „Was wir uneingeschränkt und mit allen Mitteln bekämpfen dürfen und müssen, ist die ungeheure kollektive Dummheit der Menschheit!"

Der Teufel steckt im Detail, in der wissenschaftlichen Sprache heißt dieses Detail: der Beweis! Seien wir daher auf der Hut, wenn jemand mit Beweisen kommt. Zwar kann man beweisen, daß sich die Erde dreht, und wohl auch, warum sie sich drehen muß. Aber der Mann, der uns beweisen will, wofür sie sich dreht, der will deuten, nicht beschreiben. Er mag deuten, aber er ist dann so wenig Wissenschaftler, wie die Evangelisten es waren: er verkündet, und wir dürfen zweifeln. (Nur wir, die „nackten Affen", dürfen zweifeln!)

Offenbar braucht diese Welt nicht nur kühne Forscher, die wie Galilei neue Monde auf fernen Planeten entdecken und davon künden, sondern sie braucht auch behutsame Deuter, die uns lehren, mit solchen neuen Sternen an unserem Himmel zu leben. Dazu aber braucht sie für ihr Gleichgewicht starke Geister, die auf den Blick durch ein Fernrohr verzichten können um der Deutung ihrer Welt willen und in Verantwortung vor denen, für die sie diese Deutung wagen.

Aber brauchen wir denn ein solches Gleichgewicht? Nicht unbedingt! Nur wenn sich der sogenannte Affe auf der Erde halten will: dann wird er den Sinn für das rechte Maß entwickeln und stärken müssen, diesen Sinn, in dem ihm jedes Wildtier überlegen ist, für das ja die Natur selber denkt. Den sogenannten Affen braucht uns niemand zu beweisen, er ist tägliche, leidvolle Erfahrung des Alten Adam. Den Menschen kann uns niemand wissenschaftlich beweisen, aber er ist unsere tägliche, lebensnotwendige Hoffnung. Und unsere Freiheit ist es, daß wir an ihn glauben dürfen.

Vom Tier zum Menschen

Nosce te ipsum! (Erkenne dich selbst) setzte Carl von Linné anstelle jeder weiteren Erläuterung hinter die Worte „Homo sapiens", mit denen er in seinem Systema Naturae (1758) die Behandlung des Tierreiches begann. Als das erste in einer Reihe von fast 4000 Arten tierischer Lebewesen, mit aller übrigen Kreatur von gemeinsamem Ursprung als Geschöpf Gottes, hatte der Mensch sich zu erkennen. Aber zugleich war er die Krone dieser Schöpfung, war allein ausgestattet mit der Würde der Ebenbildlichkeit, war zum Herrn und Hüter der übrigen Schöpfung eingesetzt und damit, von der Religion wie von seiner selbstverständlich erlebten subjektiven Gewißheit her, etwas ganz anderes als alle diese Tiere. Ein merkwürdiger, quälender Zwiespalt, dem sich kein Zeitalter und keine Philosophie entziehen konnten und der vor jedem von uns aufwächst, der mit der Forderung jenes Nosce te ipsum ernst macht: hohe Gedanken, Kunst und Wissenschaft, klare Vernunft, weise Einsicht, Liebe und Glaube, alles Dinge, die den Homo sapiens weit über die dumpfe Mechanik der Erde und ihrer Gesetze erheben; und auf der anderen Seite Haß, Tod, Blut und Notdurft, die uns tief in die Materie einbinden. Das Menschliche also und das „Allzumenschliche", wie Nietzsche – wohl um die Tiere nicht zu beleidigen – die Nachtseite unseres Geschlechtes nennt, geben erst zusammen das ganze Bild dieser Organismenart: der einzigen unter allen, von der auch der Biologe nicht leidenschaftslos sprechen kann, weil es in ihr um ihn selbst geht und weil er die Sonde der Wissenschaft hier in sein eigenes Herz senkt.

Dieser Prozeß der Selbsterkenntnis und Selbstdeutung des Menschen erfordert alle Fähigkeiten seines Kopfes und seines Herzens; der Biologie fällt dabei zunächst nur eine bescheidene Aufgabe zu: zu forschen, soweit der Mensch zoologischer Organismus ist und soweit er sich als tierisches Lebewesen präsentiert. Bescheiden ist diese Aufgabe dort, wo der Mensch als ein Wesen gedeutet wird, das nur nebenbei auch eine zoologische Seite hat. Übersteigert kann die gleiche Aufgabe werden, wenn eine Menschheit sich als nur noch biologisch interpretiert, wie es uns als Gefahr des „Jahrhunderts der Biologie" droht. Doch was auch von ihr erhofft oder befürchtet wird, die Biologie kann als Naturwissenschaft stets nur rational-kausal fragen und vergleichend beschreiben; die Gesetze solcher Frageansätze aber legen die Ebene fest, in der allein Antworten gefunden werden können. Der Mensch ist naturwissenschaftlich nicht zu beweisen!

Das erstaunlichste Lebewesen, auf das der Mensch bei der Bestandsaufnahme der Schöpfung stößt, ist der Affe. Das Entzücken der Kinder, das Grauen der zarten Gemüter, die Verblüffung der Nachdenklichen gelten diesen Wesen, die unsere menschliche Natur so merkwürdig nach„äffen". Schon Aristoteles schildert sie so: als erstaunliche Mittelwesen zwischen Mensch und Tier. Durch die Affen also wird die Frage, ob der Mensch ein Tier sei, eigentlich erst möglich. Im Altertum und Mittelalter ward diese Frage jedoch verneint, fast ehe sie gestellt wurde. Man kannte nur das rein systematische Gebot der geistigen Einordnung der Phänomene, und Albertus Magnus nahm zur Bewältigung dieser Aufgabe sogar einen Bruch mit der bisherigen Logik in Kauf, als er für den Menschen als Organismenart allein eine eigene Gattung errichtete. (In der scholastischen Philosophie mußte eine Gattung sonst stets mehrere Arten haben!) Es war nicht schwer, charakteristische Merkmale für diese Gattung Mensch zu benennen, denn die Affen, die man damals kannte, wie Meerkatzen, Paviane, Berberaffen, wichen in Einzelheiten recht erheblich vom Menschenbild ab.

Man kannte daher im Mittelalter einen ganzen Katalog von Merkmalen, deren jedes als ein „Humanum" den Menschen auch zoologisch von den Tieren unterscheiden sollte. Das waren gewissermaßen die phänomenologischen Menschenbeweise, die allerdings im Fortschreiten der vergleichenden Anatomie immer weiter dahinschmolzen. Als einer der letzten blieb schließlich der Zwischenkieferknochen übrig, dessen Fehlen allein beim Menschen ein solches Humanum darzustellen schien. Als Goethe ihn dann nachwies, jubelte er. Seine „unendliche Freude" gilt der damit gelungenen Deutung des menschlichen Körpers: endlich wird er nahtlos einreihbar in den „Typus" der Wirbeltiere, in den ihn alle seine sonstigen Körpermerkmale verweisen. Dieser Typus selbst gibt zwar das „heilige Rätsel" seiner Herkunft noch nicht preis, aber er umschließt doch den Menschen zusammen mit den so ähnlichen höheren Tiergestalten; anatomisch ist der Mensch damit ein höheres Wirbeltier.

Der nächste Angriff auf die Sonderstellung des Menschen traf seine historische Herkunft. Die Evolutionslehre Lamarcks, das Modell ihrer Mechanik durch Darwin und die Erkenntnisse der Genetik verwandeln das statische Bild der einmal erschaffenen und dann unverändert sich bewahrenden Organismenwelt in das dynamische Bild der sich auseinander entwickelnden, voneinander abstammenden Arten. Diese Entmythologisierung des Menschen in Hinblick auf seine Herkunft, diese „natürliche Schöpfungsgeschichte" anstelle des biblischen Zeugnisses der Genesis, zwingt in unserem Jahrhundert die Theologie zum Umdenken und zur Neubesinnung auf ihren Standort.

Der Abstand zwischen Theologie und Wissenschaft, der sich angesichts der Fakten der menschlichen Abstammungsgeschichte zunächst immer mehr vergrößert hatte, wird dabei abgebaut, und eine Atmosphäre der Koexistenz im Nebeneinander von Beschreibung und Deutung der Welt bahnt sich an: niemand zweifelt länger daran, daß sich das heutige Menschengeschlecht aus tierischen Vorfahren entwickelt hat. Auf dem Wege von frühen Vormenschen, bereits getrennt von der Entwicklungslinie zu den heutigen Menschenaffen, haben unsere Vorfahren im Pliozän (vor 10 Millionen Jahren) das stammesgeschichtliche Tier-Mensch-Übergangsfeld durchlaufen und dabei in einer „Hominisationsphase" (die von Heberer 1965 mit etwa 600000 Generationen angesetzt wird) die entscheidenden Evolutionsschritte zum Menschen vollzogen.

Wenn damit auch die historische Herkunft der Menschheit von tierischen Vorfahren erwiesen ist, so blieb doch zunächst noch als letztes Humanum das Seelisch-Geistige von der profanisierenden Wissenschaft verschont. Man durfte weiterhin glauben, daß der Schöpfer durch Einhauchen seines göttlichen Odems mit der Erschaffung der Seele erst eigentlich den Menschen bildete, nur hatte ihm eben nicht wirklich ein Klumpen Lehm dazu gedient, sondern der lebendige Leib körperlich menschenähnlicher, aber seelenloser tierischer Vorfahren. Schon in den ersten Jahren des 20. Jahrhunderts war jedoch der wissenschaftliche Hebel angesetzt, der auch diese Barriere zwischen Mensch und Tier niederbrechen sollte. Sigmund Freuds Untersuchungen der Anatomie des menschlichen Seelenlebens legten dort überall Wurzeln frei, die als Triebe in das tierische Vorfeld der Menschenentwicklung zurückwiesen. Damit begann die Entwicklung der Psychoanalyse als einer biologischen Wissenschaft vom Seelenleben des Menschen.

Es wiederholte sich das Schauspiel von damals, als durch das Menschenbild der Theologie die Evolutionslehre in Gefahr geraten war: wie auf eine letzte, nicht aufgebbare Bastion hatte sich die Kirche auf das christliche Dogma von der göttlichen Herkunft der menschlichen Seele zurückgezogen; nun drohte auch hier der Einbruch der bilderstürmenden Ratio und dazu sogar eine profanierende Absetzung der moralischen Werte durch die Psychoanalyse der Triebe. Auch diesmal kann sich die drohende Alternativ-Situation für die Kirche und die Gläubigen nur lösen in der naturwissenschaftlich erhellten, theologisch geläuterten Einsicht, daß in diesem Feld wie in jedem anderen die Wissenschaft nur die Sprache ihrer Fakten sprechen kann, dem Glauben aber die ganze Last der Deutung solcher Fakten bleibt.

Diese seelische Nivellierung der Sonderstellung des Menschen baute die bisher so eindeutig empfundene Stufe zwischen

Mensch und Tier von beiden Seiten her ab. Einerseits vom Menschen her, bei dem die Psychoanalyse den Sexualtrieb, den Herrschaftstrieb, den Aggressionstrieb und andere als allgemein-zoologische Reaktionsnormen erkennt. Für die Biologie unserer Zeit besonders kennzeichnend ist jedoch die Entstehung der Wissenschaft der vergleichenden Verhaltensforschung („Tierpsychologie"), durch die von der anderen Seite her die Verwandtschaft seelischer Phänome bei Tier und Mensch deutlich wird. Vor allem Konrad Lorenz tritt als genialer Beobachter und Experimentator hervor und ist in unseren Tagen wohl der bekannteste unter allen lebenden Zoologen der Welt. Schon 1942 zeigt er, daß „angeborene Formen möglicher Erfahrung" zum Merkmalsbestand höherer Tierarten gehören: Mensch wie Säugetiere reagieren nach einem „Kindchen-Schema" mit typischem Pflegeverhalten auf das „Herzige", „Niedliche", im Körperbau von Jungtieren wie von Menschenkindern. Ausgelöst wird solches instinktive Verhalten, genau wie andererseits Ekel und Abscheu vor „häßlichen" Tieren, durch wenige, genau festlegbare und in ihrer Wirkung addierbare Kennzeichen dieser Objekte (Großer Kopf, weiches Fell, hohe Stirn, kurzes Gesicht usw.). In dem Maße wie das Verhaltensinventar von Mensch und Tieren näher erforscht wurde, zeigten sich weitere überraschende Gemeinsamkeiten, die keinen Zweifel daran lassen, daß in den unteren Seelenschichten der menschlichen Persönlichkeit eine Situation herrscht, die sich mit der höherer Tiere vergleichen läßt.

So bleibt schließlich nur ein letztes Humanum, das den Menschen von den Tieren biologisch abhebt: die Höhe seines Bewußtseins und das Phänomen der geistigen Welt, in der er, „einer unter vielen und der einzige unter allen" (Ankel), seine Kultur aufbaut. Die „Noosphäre" hat Teilhard de Chardin diese geistige Welt genannt, und eine so andersartige Gestalt wie der englische Biologe J. Huxley formuliert ganz in diesem Sinne (1964): „Wir dürfen wohl sagen, daß sich heute die Evolution in der Person des Menschen ihrer selbst bewußt geworden ist."

Dabei soll es uns nicht verwundern, daß die vergleichende

Verhaltensforschung auch im Bereich der seelisch-geistigen Phänomene erste Wurzeln schon bei den höheren Tieren auffindet. Der Sozialkontakt zwischen Jungtieren und Eltern oder zwischen Partnern einer Tierherde zeigt solche Ansätze, wie vor allem Konrad Lorenz mit seinen bekannten Beobachtungen an Graugänsen und Dohlen nachwies. Die Hackordnung eines Hühnerhofes, die hierarchische Ordnung einer Affenherde und – wie wir neuerdings wissen – sogar das modische Neuauftreten und anschließende Bewahren und Überliefern von Verhaltens-Traditionen (bei japanischen Affen) sind hier zu nennen, ebenso Imponiergehabe, Demutsgebärde und manche den Menschen und Affen bis in die Einzelheit des Ausdrucks gemeinsame Gesten.

Doch wird es deutlich, daß mit zunehmender Annäherung des biologisch-forschenden Menschengeistes an das Kern-Phänomen seiner selbst die Aussagekraft der vergleichenden Verhaltensforschung verblaßt. Für das Erkennen der tierischen Abstammung des Menschen ist es von höchster Wichtigkeit, daß auch Affen sich durch Handschlag begrüßen können – für das Selbstverständnis des Menschen und seiner Kultur jedoch ist es fast belanglos. Wieder ist es Konrad Lorenz, der dies klar erkannt und ausgesprochen hat. Für die kausalen Einsichten in das komplexe Wirkungsgefüge menschlichen Verhaltens, um die es der Wissenschaft geht, „müssen Naturforscher und Ärzte den Menschen gewissermaßen von unten her anleuchten. Sie bekommen dabei notwendigerweise weniger schöne Seiten des Menschenbildes zu sehen." ... Dadurch, daß sie diesen Blickpunkt einnehmen (wie ein Automechaniker, der unter den Wagen kriechen muß, dessen Fahrgestell er reparieren will), „leugnen sie keineswegs, daß es andere Aspekte des Menschen gibt und daß die höchsten Blüten seines Geistes anderen Seins-Kategorien angehören als sein ‚Fahrgestell'".

So kommt er in seinem Aufsatz über die „instinktiven Grundlagen der menschlichen Kultur" zu einem ausgewogenen Menschenbild, bei dem die evolutiven, tierischen Wurzeln aller spezifisch menschlichen Wesensart wissenschaftlich freigelegt sind und das gerade dadurch den klaren Blick auf das ermöglicht, was in der neuen Seinsschicht des Humanen daraus geworden ist. Man kann eine Blüte nicht aus ihrer Wurzel erklären, aber man kann wissenschaftlich zeigen, daß sie ohne solche Wurzel nicht wäre. Man kann sogar die Deutung wagen, daß die Blüte der Zweck einer solchen Wurzel sei. In diesem Sinne mag unser Blick auf die biologische Herkunft des Menschen mit einem deutenden Wort abgeschlossen werden, das ebenfalls von Konrad Lorenz (1963) stammt: „Das langgesuchte Zwischenglied zwischen dem Tier und dem wahrhaft humanen Menschen sind wir.“ Nosce te ipsum!

Gut und Böse

Das Wappentier des Guten ist der Vogel Pelikan: er reißt sich die Brust auf, um mit dem eigenen Blut die Jungen im Nest zu nähren. Das Böse aber führt in seinem Wappen den Wolf; er ist in unseren Märchen der Inbegriff des Schlimmen und Verderbten, als böser Feind lauert er im finsteren Wald und will uns zerreißen. Im ersten Bild schwingt die schlichte Einfalt frommer Naturgeschichte der mittelalterlichen Bestiarius-Literatur, im zweiten steigt aus tiefen Gründen des Unbewußten, aus tausendfach erlittener Angst unserer Vorfahren, ein Traum mit der Gewalt eines Archetypus empor. Mit Wissenschaft, speziell mit Naturwissenschaft, haben beide Bilder nichts zu tun.

Großmut und Güte, List und Bosheit, Zorn und Sanftmut: alle diese menschlichen Eigenschaften, die eine vorwissenschaftliche Naturbetrachtung mit argloser Selbstverständlichkeit den Tieren zubilligte, haben sich im Lichte der modernen Verhaltensforschung aufgelöst zu angeborenen, durch Triebe gesteuerten Reaktionen, die nichts mit „Charakter" in unserem Sinne zu tun haben. In dem Maße, wie die Evolutionslehre die echte zoologische Verwandtschaft zwischen Mensch und Tier aufzeigte, hat sich – merkwürdig genug – die frühere Anschauung von der nahen seelischen Verwandtschaft zwischen beiden gänzlich verflüchtigt. Auf die naive Gewißheit vom Menschlichen und Allzumenschlichen im Tier folgte die wissenschaftliche Entmythologisierung des Tierischen und Allzutierischen im Menschen.

Wir sind aufgeklärt genug, um in der tierischen Brutpflege nichts Gutes, in der tierischen Aggression nichts Verwerfliches und Böses zu sehen, sondern beide als arterhaltende Funktionen im Verhaltensinventar der Lebewesen zu verstehen. Doch bleibt ein deutliches Unbehagen gegenüber der Aggression, die sich bei Mensch und Tier mit soviel Brutalität äußern kann und die so ganz darauf angelegt scheint, den Frieden der Natur und den Frieden der Menschen zu stören: mit der Sicherheit eines Instinktes fühlen wir, daß die Einsicht in die Lebensnotwendigkeit solcher Aggression und das Verständnis für die Funktion des „sogenannten Bösen“ noch nicht die ganze Wahrheit ist.

Was aber ist die ganze Wahrheit, was ist das Böse? Mit solcher Frage verlassen wir das Gebiet der Verhaltensforschung, aber keineswegs notwendig das der exakten Wissenschaft. Es ist ja einer ihrer Väter, der große Kant, der in seinen kritischen Schriften dieses Phänomen unserer menschlichen Natur untersucht hat. Das Böse ist nach ihm: die bewußte und freie Handlung gegen das moralische Gesetz. Dieses moralische Gesetz, das Kants Gemüt „mit immer neuer und zunehmender Bewunderung“ erfüllte, ordnet unsere Triebe oder „natürlichen Neigungen“ nach einem für uns deutlich spürbaren Wertgefälle, zeigt uns wie ein Kompaß die Richtung. Wie jeder Kompaß hat auch dieser nur am Scheidewege Bedeutung: wenn zwischen zwei natürlichen Neigungen zu wählen ist (zum Beispiel zwischen der, zu fliehen, und der, sich und andere zu verteidigen), dann zeigt dieses moralische Gesetz uns die einzuschlagende Richtung, ohne uns aber in sie zu zwingen.

In der vergleichenden Verhaltensforschung nennt man eine solche Situation einen Triebkonflikt. Nach Ansicht der alten Römer verhungert ein Esel, der genau in der Mitte zwischen zwei Krippen mit Heu steht. Man darf das wohl bezweifeln, aber es steht fest, daß bei Tieren echte Konflikte zwischen entgegengesetzten Trieben auftreten können. Es kommt dann oft zu höchst verblüffenden „Übersprungshandlungen“, wie dem Scheinäsen der Rehe oder dem Angriff eines irritierten Raubtieres auf ein Ersatzobjekt. Alle solche Handlungen vollziehen sich nach dem Motto: Wenn meine Neigung zum einen so stark ist wie zum andern, dann tu' ich keines von beiden, sondern ein drittes!

Ein Pessimist wird hier einwenden, daß es beim Menschen

nicht anders sei: Genau gleich starke und völlig entgegengesetzte Triebe gäbe es nicht; auch der Mensch handle zwangsläufig, eine der kontroversen Neigungen sei stets etwas stärker oder aber ein „vernünftiger" Kompromiß (einer Übersprungshandlung nach dem Parallelogramm der Kräfte) müsse sich ergeben. Die freie Entscheidung sei also ein subjektiver Irrtum, das Schuldgefühl lediglich der Restwiderstand der unterlegenen Neigung. Tatsächlich ist dies die misanthrope Weltsicht Schopenhauers gewesen, doch bekennen wir uns zu einer optimistischeren Auffassung. Dabei können wir uns auf Kant berufen oder auf den noch optimistischeren Lorenz, der bekennt, „daß die größte und schönste Freiheit des Menschen mit dem moralischen Gesetz in ihm identisch ist".

Wir haben hier also ein brauchbares, vielleicht sogar das einzig brauchbare Unterscheidungsmerkmal zwischen Mensch und Tier gewonnen; oder sollten wir besser, evolutions-biologischer, sagen: zwischen Mensch und Noch-nicht-Mensch? Das entscheidende Kriterium ist das *Gewissen*, die Fähigkeit, sich schuldig zu fühlen. Dabei dürfen wir uns nicht durch die Zwangsvorstellungen unseres gestaltwahrnehmenden Bewußtseins täuschen lassen, das uns gerade für das Schuldgefühl den geprügelten Hund als tierisches Ursymbol aufdrängen will. Es ist einfach nicht statthaft, die Haltung eines „demütigen" Hundes, an dessen freiem Willen doch allergrößte Zweifel bestehen müssen, als „schlechtes Gewissen" zu bezeichnen. Ein guter Verhaltensforscher tut es auch konsequenterweise nicht, sondern wir finden bei Lorenz im Anschluß an die Schilderung einer dramatischen Fehlhandlung zwischen zwei Graugans-Freunden das treffende Wort: die Ganter sind „verlegen"!

Der Unterschied zwischen Unbehagen und Schuldgefühl ist wie der zwischen Lust und Zufriedenheit; er führt an die Grenze zwischen Mensch und Tier, zwischen freiem und instinktivem Handeln. Lust ist offenbar die Prämie, die beim Menschen wie beim Tier auf die gesunde Ausübung der natürlichen Neigungen gesetzt ist, Unbehagen das psychische Signal für ungelöste Triebkonflikte. Zufriedenheit verleiht uns die Übereinstimmung unserer natürlichen Neigung mit dem moralischen Gesetz, Schuld dagegen das freie Entscheiden für eine andere (zugegebenermaßen ebenfalls natürliche) Neigung, die gegen dieses Gesetz läuft.

Nicht nur die Aggression an sich ist noch nicht böse, sondern auch die Lust an ihr ist ein Stück Menschennatur, das selbst nicht böse ist, ja nicht einmal ein Anzeiger des Bösen. Man kann auch Gutes mit Lust tun und Böses mit Unbehagen, ja selbst mit äußerstem Widerwillen. Erst auf einer zweiten, hoffnungsloseren Stufe wird aus solchem Widerwillen böse Lust. Die Aggression in ihren Manifestationen zeigt deutlich solche Stufen, wenn wir an den heldenmütigen Kampf des Kriegers denken und andererseits an Sabotage und Denunziation, an feiges Mitlaufen beim Bösen und schließlich an die lustvoll-böse Variante, an den Sadismus. Doch die gleichen Stufen und Tönungen kann moralisches und unmoralisches Handeln auch bei allen anderen Neigungen haben. In lustvollem Triebvollzug wie in leidvollem Triebverzicht sind gute wie böse Handlungen denkbar. Wer puritanisch jede Lust schlechthin als böse ablehnte, der gäbe ein Beispiel für eben jene Übersprunghandlung und Verdrängung, die letztlich unmenschlich, weil instinktiv und damit unmündig ist; sie führt, wie Freud zeigte, zum „Unbehagen an der Kultur", sie wird konsequenterweise zuletzt solches Unbehagen sogar für die Voraussetzung des Guten halten.

Nach Entlarvung des sogenannten Bösen verbleibt ein echtes Böses, das in der Aggression wie in jedem anderen Triebe stekken kann. Wo es liegt, das zeigen nicht Lust oder Unbehagen, sondern das vermeldet unser Gewissen. Das „Geheimnis der Bosheit", von dem Paulus spricht, ist für uns damit noch nicht gelöst, doch haben wir die Einsicht gewonnen, daß es ein solches echtes Böses gibt, über das weiter nachzudenken sich lohnt.

Wie kam dieses Böse in die Welt oder, besser gefragt, in unsere Menschennatur? Eine erste, biologische Antwort will sich aufdrängen: es ist in uns angelegt als Verhaltensmerkmal unserer Art, ist verbrieft im DNS-Code unserer Genstruktur, und erbt sich so „als eine ewige Krankheit fort". Daß eine solche

Antwort falsch ist, wurde vom großen Meister der Vernunft bereits lange vor Entdeckung der Vererbungsgesetze klar ausgesprochen: „Wie nun aber auch der Ursprung des moralisch Bösen im Menschen immer beschaffen sein mag", schreibt Kant 1793, „so ist doch unter allen Vorstellungsarten von der Verbreitung und Fortsetzung desselben ... die unschicklichste, es sich durch Anerbung von den ersten Eltern auf uns gekommen vorzustellen." Und einige Seiten später folgert er: „Was der Mensch im moralischen Sinne ist oder werden soll, gut oder böse, dazu muß er sich selbst machen oder gemacht haben. Beides muß eine Wirkung seiner freien Willkür sein, denn sonst könnte es ihm nicht zugerechnet werden, folglich er weder gut noch böse sein."

Was wir, „ererbt von unseren Vätern", erwerben, um es zu besitzen, das kann unmöglich das Böse oder das Gute schon selbst sein, sondern nur die Fähigkeit, beides zu unterscheiden, also das moralische Gesetz, und dazu die Möglichkeit, zwischen beidem zu wählen. Diese Fähigkeit und diese Möglichkeit sind offenbar das echte Humanum: hier liegen Glanz und Elend unserer menschlichen Natur im Gegensatz zu der des Tieres. Damit wird der ganz fundamentale Unterschied zwischen der Aggression als Triebvollzug und der freien Wahl als der Möglichkeit zum Bösen klar. Erst die völlige begriffliche Trennung dieser beiden Phänomene macht es uns möglich, das Böse überhaupt zu erkennen.

Die Aggression erweist sich damit als ein biologisches Verhaltensmerkmal in seiner ganzen natürlichen Unschuld. Denn sie ist vollständig ererbt und kann uns ebendeshalb nicht zugerechnet werden. Sie ist wie Spontaneität und Aktivität nicht unserm Willen zugänglich, sondern offenbar eine direkte Funktion der Konzentration des Nervenhormons Noradrenalin. Vermindert sich dessen Gehalt im Gehirn, so steigt die aggressive Reizbarkeit, wie amerikanische Forscher kürzlich an Mäusen nachwiesen. Und auch die Reizung eines bestimmten Kerns der Gehirnrinde durch elektrische Impulse kann Aggression (wie auch andere Triebe) mit unausweichlichem Zwang hervorrufen. Das haben nicht nur Experimente an Tieren erwiesen, wie jenes berühmte an einem spanischen Kampfstier, der mitten im tobenden Anrennen von seinem Experimentator per Elektrosonde im Gehirn „abgeschaltet" und ebenso wieder „angeschaltet" werden kann. Das haben nach genau gleicher Methode Versuche von Medizinern auch für den Menschen als möglich ergeben.

Wenn also Lorenz in seinem Buche sagt, daß der Mensch „gar nicht so böse von Jugend auf" sei, und wenn er dies ausgerechnet an der familieninternen Moral von Kopfjägern beweist, dann glauben wir, daß ihn hier die Begeisterung für die Objektivität der vergleichenden Verhaltensforschung doch zu weit fortgerissen hat. Nämlich auf ein Feld, das jenseits dieser Wissenschaft liegt und auf das sie sich daher nicht begeben sollte, zumindest nicht in solcher bewußten Antithese zum Wort der Genesis „das Dichten des menschlichen Herzens ist böse von Jugend auf". Dieses Dichten (Martin Buber übersetzt es als „das Gebild des Menschenherzens") ist also nicht unser Herz selbst, sondern seine freie Möglichkeit zur Schuld oder, wie wir es theologisch ausdrücken müssen, zur Sünde. Und da nach der Logik unserer Sprache einmalig Gutes noch keinen Gerechten, jedes einzelne Böse aber einen „Sünder" aus uns macht, sind wir „allzumal Sünder", nicht durch unsere Natur (unser „Herz"), aber durch sein „Dichten". Es ist nur noch ein kleiner Schritt weiter – und es bedarf nur noch der Personifizierung des Bösen zum Verführer –, um die ganze Absage an die Biologisierung unseres Gewissens schon in jenem von Kant mit Beifall zitierten Paulus-Wort wiederzufinden: „Wir haben nicht mit Fleisch und Blut, sondern mit Fürsten und Gewaltigen zu kämpfen." So wären also der Jahwist und der Apostel doch die besseren Verhaltensforscher!

Nach der Grundlehre des Zarathustra kann niemand wissen, was gut und böse ist. Die Genesis lehrt es anders, hier ist dieses Wissen die Frucht vom Baume der Erkenntnis; sie zu brechen ist allerdings verboten. Das erste Drama der Menschheit, von dem die Bibel berichtet, ist eben dieser Ungehorsam, dieser Raub im Akt der Ursünde, zu dem das „Tier der Ungnade" unsere Stammeltern verführte.

Es ist merkwürdig, wie sehr dieses Bild vom paradiesischen Sündenfall die Denker und Wissenschaftler anzieht, als sei es eben doch mehr als nur Mythos, sei Zugang zu echter Wahrheit. Konrad Lorenz meint, die Erkenntnis an sich sei es, die den Menschen aus jenem Paradies vertrieb, in dem er noch tun und lassen konnte, „wozu die Lust ihn ankam". Der Wiener Anthropologe Robert Eisler meinte gar, daß der Sündenfall eigentlich die „Urkatastrophe" widerspiegelt, in der die Menschenvorfahren vom sanften Vegetariertum zur Aggression der Fleischfresser übergingen. Für Arnold Gehlen sind es Verlust der instinktiven Spontaneität und Sicherheit und Eintritt in die Mühsal der Entscheidung, die der Verlust des Paradieses bringt und die zum Ursprung der Kultur werden. Und Sigmund Freud schließlich weist darauf hin, wie verdrängte Sexualität zum Anlaß für die Schuldgefühle wird, die in uns allen liegen, uns quälen und nach jenem Paradies zurücksehnen lassen, wo wir noch nicht erkannt hatten, wie nackt wir sind.

Nach solchen Deutungen müssen also auch Wissenschaftler das biblische Bild von Paradies und Sündenfall ernst nehmen als tiefen Einblick des Jahwisten in das Geheimnis der Bosheit. Doch betrachten wir es unbefangen als einen historischen Bericht, so stutzen wir: scientes bonum et malum, wissen, was gut und böse ist, soll das wirklich als eine lockende Verheißung gelten, verspricht das zu sein wie Gott? Wußten sie es beide nicht bereits, bevor sie den Apfel aßen, da sie doch das Verbot kannten (ihr moralisches Gesetz) und es nur zögernd übertraten? Wären nicht Allmacht und Allwissenheit wesentlich stärkere Verlockungen für einen, der wie Gott sein will? Lohnt das Wissen um Gut und Böse als Preis des Ungehorsams?

Wir glauben, daß uns hier weniger ein Geheimnis als eine Übersetzung narrt. Blicken wir, wie Faust es in seiner Studierstube tat, in das „heilige Original", so finden wir, daß der Jahwist für das „Erkennen" von Gut und Böse das gleiche hebräische Wort gebraucht wie wenig später in dem Satz: „Und Adam erkannte sein Weib Eva, und sie ward schwanger." In jenem Satz aber ist doch gewiß nicht ein Erkennen im gewöhnlichen Wortsinn gemeint; erkannt hatte Adam sein Weib ja schon lange vor dem Sündenfall, als er ihr wie allen anderen Geschöpfen den Namen gab: „Das ist doch Bein von meinem Bein und Fleisch von meinem Fleisch: man wird sie Männin heißen." (Bei Buber: „Diesmal ist sie's! Bein von meinem Gebein, Fleisch von meinem Fleisch! Die sei gerufen Ischa, Weib".) Was also ist jenes „Erkennen", das zu des Weibes zweitem, nachparadiesischem Namen Eva (Leben) führt? Es ist die tiefe, weit über das bloße Wissen hinausreichende Inbesitznahme. Sie wird sein Eigen, und „er soll dein Herr sein" hängt von nun an der aus dem Paradies Vertriebenen als Fluch nach.

Der Baum der Erkenntnis sollte also besser heißen: der Baum der göttlichen Macht, der Baum der herrschaftlichen Richtergewalt und freien Entscheidung über Gut und Böse. Dann wird auch klar, worin die lockende Verheißung liegt, mit der die Schlange verführt. Nur zu „wissen", was gut und böse ist (ein moralisches Gesetz besitzen), das wäre ja Fleisch und Blut des Menschen ohnehin, das besaßen wir schon im Paradies und brachten es als unser Humanum mit in die Vertreibung. Aber es selber setzen wollen, das ist der allzeit verführerische Anspruch der Freiheit, mit dem die Schlange lockte. Selbst zu setzen, was gut und böse ist: das hieße wirklich „sein wie Gott".

Diese Freiheit ist nun – aber durch Ungehorsam – unser erblicher Teil geworden; daß sie uns von allen anderen Geschöpfen radikal „sondert", klingt noch fort in ihrer Bezeichnung als „Erbsünde". Ein Tier hat Triebe, nach denen es handelt, mit Lust das Rechte oder mit Unbehagen das Falsche tun muß. Was uns von nun an vom Tier sondert, ist die Fähigkeit, in einer höheren Schicht (der Verantwortung) nicht nur recht oder falsch handeln zu müssen, sondern freiwillig gut oder böse tun zu können. Allein in der Entscheidung für oder gegen die Richtung unseres eingeborenen Kompasses liegt also schon der ganze Akt des Guten oder Bösen, nicht erst in seinen Folgen. Nicht die Aggression ist böse, sondern die Entscheidung zu ihr kann es sein.

Wir können überhaupt Böses nur an uns tun; dem gehaßten Feind, so böse wir es auch mit ihm meinen und so Schlimmes und Unrechtes wir ihm auch antun, geschieht doch nicht sein, sondern nur unser Böses. Ja, es könnte unser Böses dort sogar Gutes stiften, ohne doch deshalb weniger böse zu sein. So spricht im Faust Goethe sogar vom Teufel, der „stets das Böse will und stets das Gute schafft". Gut und Böse sind zwei freie und gegensätzliche Formen der Gesinnung. Und wie auf das Böse, das wir tun, die Schuld folgt, die wir tragen, so gilt andererseits wirklich die vollkommene „Entschuldigung" für das, was böse Folgen ohne unsern Willen trägt: „Wir hatten es nicht bös' gemeint!"

Meist aber haben wir unser Böses durchaus böse gemeint! Denn wir sind keine Heiligen, sind nicht wie Gott. Die Schlange wäre nicht die listige Betrügerin, wenn sie recht gehabt hätte mit ihrer Verlockung. Ihr Betrug ist, daß wir für uns nun Böses und Gutes setzen können, aber trotzdem *nicht* wie Gott sind, sondern eben dadurch in der ständigen Freiheit leben, ihm zutiefst unähnlich zu werden. „Aus der ursprünglichen Gottesebenbildlichkeit ist die geraubte Gottesgleichheit geworden", schrieb Dietrich Bonhoeffer in seiner Ethik; „statt allein den ihm guten Gott zu wissen und alles in ihm, weiß er nun sich selbst als Ursprung von Gut und Böse, statt sich Wahl und Erwählung Gottes gefallen zu lassen, will er selbst wählen. Als Gegengott ist der Mensch geworden wie Gott. Sein Leben ist nun Entzweiung mit Gott, mit den Menschen, mit den Dingen, mit sich selbst."

Diese Entzweiung läßt uns mit Recht immer wieder verzweifeln an uns. Konrad Lorenz ruft leidenschaftlich aus: „Wenn ich den Menschen für das endgültige Ebenbild Gottes halten müßte, würde ich an Gott irre werden!" Es steht hinter diesem fast vermessen klingenden Ausspruch doch genau das tiefe Wissen um das Böse im Menschen, von dem die Bibel voll ist. Wir wollen es eindeutiger formulieren: da wir die Verheißung der Gottesebenbildlichkeit für endgültig halten, müssen wir immer wieder am Menschen irre werden!

Wir haben die Aggression vor das Gericht der alten Pilatus-Frage gestellt: „Was ist die Wahrheit?" – und haben doch an ihr nichts Böses finden können. Als natürlicher Anspruch auf Selbstbehauptung, beim Tiere im Dienst der Arterhaltung, bei uns im Dienst der persönlichen Entfaltung gegenüber unserer mitmenschlichen oder tierischen Umwelt, erscheint sie uns als Fleisch und Blut, als einer der Triebe aus der Gerätekammer unseres angeborenen Verhaltens, als scharfes und gefährliches Instrument zwar, aber eben doch so unschuldig wie jede Waffe es ist, bis ein böser Wille sie in die Hand nimmt. Setzen wir für Aggressivität das alte Wort „Zorn", so wird endgültig klar, daß es in ihr mehr um das Temperament, um das Engagement geht, mit dem wir handeln, als um die Handlung selbst. Zorn ist ein gewisser Überschuß der Energie, mit der wir einen Widerstand angehen, und zwar blindwütig, wenn dieser Überschuß allzugroß und jenseits des rechten Maßes liegt, mutig, wenn das rechte Maß selbst einen solchen Überschuß erfordert.

Als Gegensatz von Aggressivität empfinden wir die Passivität, dem Zornesmut steht die Sanftmut gegenüber, der Aggression des ewig zürnenden Gottes Jahwe die Passion Christi. Die Sanftmütigen sind in der Bergpredigt seliggepriesen, „denn sie werden das Erdreich besitzen". Doch selbst von Christus berichten die Evangelien, daß er umhersah „mit Zorn", und in der Apokalypse verbergen sich die Könige und Gewaltigen vor dem „Zorn des Lammes". Seinen Aposteln kündigte er an, daß er nicht gekommen sei, Frieden zu senden, „sondern das Schwert". Und wer hätte je ein Schwert in Sanftmut geführt?

Doch soll über unserm Zorn nicht die Sonne untergehen; die Enthaltung von Zorn, seine Beherrschung, ist die aktive Sanftmut eines zahmen Löwen, die wir wohl von der des Lammes unterscheiden müssen. Sogar Aggression mag als gut gelten, ihre Beherrschung wird es gewiß erst recht sein. Zu den Geboten des Evangeliums gehört vor allem die Keuschheit, und sie zeigt am deutlichsten, daß nur wertvoll ist, was aktiv und im Kampf mit den Trieben errungen wird. Mit Kastration oder Leukotomie wären zwar Sexualität und Aggression auszuschalten, wären Frigidität und Passivität zu erlangen, aber weder Keuschheit noch Sanftmut. Hier liegt das Geheimnis der Askese. Nicht Verzicht auf Wertloses zugunsten eines Wertvollen: das wäre nur Klugheit. Aber Verzicht auf einen Wert, um zu einem anderen zu gelangen: das allein ist echte Askese und gilt für die Keuschheit so gut wie für den Gewaltverzicht.

So muß uns der Zorn, der als Aggression so oft das geeignete Mittel für unser böses Wollen wird, zuletzt als ein Wert erscheinen, so sehr wie die anderen Triebe unserer Natur. Es kommt alles darauf an, ob er im dunklen Drange gebraucht wird oder ob er in dem Lichte steht, von dem die Evangelien künden.

Wir gelangen damit zu einer Einsicht über das Wesen der Aggression, die schon vor langer Zeit, nämlich „im Jahr des ausgeborenen großen Heils 1731", der einsame Seher Jakob Böhme als 36. „Zugabe für die Schüler der Weisheit" seiner Christosophia niederschrieb: „Der Zorn ist eine Wurzel des Lebens, und so er ohne Licht ist, so ist er nicht Gott, sondern höllisch Feuer; so aber das Licht darin scheinet, wird er Paradies und Freudenreich."

Ein bißchen Töten

Die illustrierten Zeitschriften, unermüdliche Traumfabriken und wohlinformierte Volkshochschulen unserer Zeit, berichten unter Schlagzeilen wieder einmal von einer wissenschaftlichen Entdeckung, „die das Leben auf dieser Welt in entscheidender Weise verändert". Was gefunden wurde, ist die Superpille oder die Pille für den Monat danach; ein Medikament, mit dessen Einnehmen der bereits im Mutterleib eingenistete Menschenkeim im Alter von wenigen Wochen zuverlässig und schmerzlos entfernt werden kann. Es wird also eine Abtreibung bewirkt, denn juristisch ist die Herbeiführung der Abstoßung eines Keimes, auch wenn er erst stecknadelkopfgroß ist, die Tötung eines Menschen. Daher mußte der schwedische Reichstag erst durch ein besonderes Gesetz die Erprobung dieses Medikaments gestatten. Was damit anläuft, wird so wenig aufzuhalten sein wie die Pille dabei und die Pille davor. Denn was den schwedischen „Verhütungs-Ingenieuren" gelang, war der Sieg in einem weltweiten Wettlauf, der in Hunderten von pharmazeutischen Labors überall in der Welt mit gleicher Heimlichkeit und gleichem Eifer betrieben wird. Wie bei allen wissenschaftlich-technischen Neuerungen geht es dabei um das stets gleiche industrielle Traumziel: um das Patent auf ein wirklich neues, einem weiten Kundenkreis willkommenes und daher mit Sicherheit absetzbares Produkt. Ist dieser Kundenkreis weit genug, so kann solches Produkt sogar billig hergestellt werden, und seine Hersteller geraten in unserer hochtechnisierten Welt in das Licht eines Helfers der Menschheit. Das gilt für Kleinautos wie für Armbanduhren, für Taschenbücher wie für Anti-Baby-Pillen.

Daß eine Abtreibungspille, wenn sie medizinisch einwandfrei, d. h. ohne Schädigung der Mutter, wirkt, in unseren Tagen ein „Verkaufs-Schlager“ sein wird, könnte nur ein Illusionär bezweifeln. Daß sie einen wichtigen Beitrag zum Problem des Bevölkerungsüberschusses der Erde darstellt, ist schlechterdings nicht zu leugnen, und daß sie gegenüber allen dunklen Praktiken, die derzeit der Abtreibung dienen müssen, ein medizinisch begrüßenswerter Fortschritt wäre, soll ebenfalls zugestanden sein. Zwar gibt es diese „Superpille“ noch nicht im Handel, sondern es läuft gerade erst ihre Erprobung an, aber die Atempause, die zwischen die ersten, voreiligen Berichte der informationsbeflissenen Illustrierten und den Zeitpunkt der Serienherstellung geschaltet ist, dürfte nicht lange währen. Es ist die übliche kurze Phase der Marktvorbereitung für ein neues Industrieprodukt, wobei die sensationellen Vorberichte in der Presse, auch wenn sie auf berechtigte moralische Skrupel stoßen, in der Öffentlichkeit eine Bereitschaft herstellen, die für die Industrie zum Anlaß wird, die Durststrecke zwischen der Weckung und der Stillung eines Konsumbedürfnisses noch schneller zu überwinden. So trifft auch das sensationell neue Produkt auf einen wohlvorbereiteten Käuferkreis, der es statt mit Überraschung mit einem erfreuten „na, endlich!“ begrüßt.

Es geht also mit medizinischen Entdeckungen wie mit neuen Apparaten: ihre psychologische Wirkung beginnt lange vor dem Zeitpunkt, zu dem sie wirklich verfügbar sind. Schon ihre erste Ankündigung rückt die Grenzmarke des Fortschritts auf dem betreffenden Gebiet weiter, wirft das jeweils vorangegangene Stadium zum alten Eisen und relativiert die eventuell mit ihm verbundenen Skrupel. Das gilt z.B. für das Farbfernsehen – als es nach einem gigantischen Industriewettlauf „endlich“ kam, war der Nicht-Fernsehende längst in den doppelten Schatten gerückt: liegt er doch mit seinem asketischen Konsumverzicht nicht nur einen, sondern sozusagen zwei Schritte hinter seiner Zeit. Das gilt aber in vollem Umfang auch für die Pille danach, deren Ankündigung und Diskussion, selbst wenn sie niemals käme, ein greifbares Resultat mit Sicherheit bald zeigen wird: die bisher sehr deutlich empfundene Problematik der Pille davor verlagert sich auf sie und wirft damit in den Augen vieler „modern“ denkender Menschen auf das Problem der Pillen an sich bereits den Schatten der Antiquiertheit.

Niemand kann sich wohl der Faszination entziehen, die im Fortschritt der Medizin und Technik liegt, in dem atemberaubenden Abenteuer, dabeizusein, wenn Neues, Niegesehenes, Unmögliches zur Möglichkeit wird, und mitzuerleben, wie die Menschheit der Hochzivilisation ihr Schicksal bis ins Körperliche hinein in den Griff bekommt. Dieses Abenteuer kann, vor allem in einem sonst vielleicht an äußeren Abenteuern nicht eben reichen Menschenleben, zu einem tragenden Hochgefühl werden; doch selten genug sind die Fortschritte der Wissenschaft so beschaffen, daß der Genuß solchen Glücks ungetrübt wäre. Vielmehr ist meist ein bitterer Kaufpreis zu zahlen, der keinem Einsichtigen erlassen wird; die Diskrepanz zwischen dem, was wir können, und dem, was wir dürfen, wächst, wird zunehmend verwirrend und bestürzend. Am Ende dieser Entwicklung steht ein Mensch, dem die Technik die Last des Lebens so leicht gemacht hat, daß er den Boden unter den Füßen verlöre, wenn ihn nicht die Bürde der moralischen Entscheidungen um so tiefer niederdrückte.

Betrachten wir die Diskussion, die über die „Familienplanung“ in dem Spannungsfeld von Können und Dürfen abläuft, so blicken wir auf ein Schlachtgetümmel, in dem wissenschaftliche Erkenntnisse und moralische Positionen gegeneinanderstehen, in dem Religion und praktische Vernunft, jede von ihrer Seite her, zu Entscheidung und Verantwortung aufrufen und wo im Wechsel der Positionen und Werte, zugleich auch in der Flut der Informationen und Gegeninformationen, die Einsicht und schließlich auch die moralische Kraft des einzelnen heillos überfordert und überrannt zu werden droht.

Hier fällt der Wissenschaft die Rolle zu, die in jeder Verwirrung ihr eigentliches Anliegen ist: Klarheit zu schaffen und die Dinge überschaubar zu machen. Was heißt das aber auf die Verstrickung zwischen medizinischen, soziologischen, philosophischen und theologischen Problemen bei der Tötung des ungeborenen Lebens angewandt? Die Wissenschaft ist hier ein

Gegenspieler der Moral. Denn Moral lebt in Werten und setzt Grenzen, unübersehbare Richtmarken mit der Aufschrift: Bis hierher und nicht weiter! Mit solchen Qualitäten gliedert sie die chaotische Vielfalt der Natur, vor allem der Menschen-Natur, in überschaubare Bezirke. Der Gang der Wissenschaft aber ist umgekehrt auf die Quantisierung und Relativierung dieser Natur gerichtet, ihre Forschung schleift die Stufen und Grenzen, und ihre Erkenntnisse legen auf dem Grunde der Vielfalt die Einheit des Kontinuums dieser Welt frei.

Stufen des Tötens, wie sie das Recht in der Unterscheidung zwischen Mord und Totschlag annimmt, findet die Moral nicht nur in Hinblick auf die Tat selbst, sondern auch gegenüber dem Gegenstand. Unsere moralische Tötungs-Hemmung zielt ja nie auf das Leben schlechthin, sondern nur auf die Würde des Menschen, in eindeutiger, durch Darwin nicht berührter Trennung vom Tier. Tierversuche müssen ganz selbstverständlich helfen, das als wertvoller empfundene Menschenleben zu schützen, obwohl man durchaus fragen muß, ob es nicht moralischer wäre, einen freiwilligen Astronauten in die erste Weltraumrakete zu stecken, als dort an seiner Stelle einen Hund oder Affen anzuschnallen. Wer kein Tier töten will, muß über die Konsequenz des Vegetariers weit hinaus bis zur Haltung indischer Heiliger gelangen. Wollte er auch auf das Töten pflanzlichen Lebens ganz verzichten, so müßte er sich aus dieser Welt zurückziehen.

Aber auch der Begriff „Mensch“ läßt offenbar eine weite moralische Stufung zu, die seine Tötung unterschiedlich schwer bewertet. Es sei nicht nur an die perverse Pseudomoral der Tötung „unwerten Lebens“ (Euthanasie) gedacht, sondern auch an die naturrechtliche Indifferenz gegenüber der Tötung des Gegners im Kriege oder an die weite Skala, die sich bei fast allen Naturvölkern und bis ins klassische Abendland hinein zwischen dem Vatermord, dem schlimmsten aller Verbrechen, und der Aussetzung oder Opferung der eigenen Kinder spannte.

Gegenüber dem ungeborenen Leben fächert sich diese moralische Gliederung weiter auf. Allerdings fußte die Moral hier schon aus Mangel an wissenschaftlichen Informationen lange

Zeit auf höchst unsicherem Boden. Für Thomas von Aquin lag die entscheidende Stufe der Menschwerdung beim männlichen Keimling am 40., beim weiblichen am 80. Tage der Entwicklung. Im 16. Jahrhundert galt eine Schwangerschaftsunterbrechung erst dann als Tötung, wenn sich der Embryo bereits bewegte. Das 19. Jahrhundert bringt dann eine wissenschaftlich fundierte Kenntnis vom biologischen Vorgang der Zeugung und führt zur moralischen und juristischen Konsequenz des völligen Abtreibungsverbotes. Die Grenze wurde nunmehr dort gesetzt, wo die Wissenschaft die erste und entscheidende Stufe der Menschwerdung gefunden hatte: bei der befruchteten Eizelle. In der Sprache moderner Biologie heißt das: im Moment der Verschmelzung der elterlichen Keimzellen zu einem befruchteten Ei ist als Erbbefehl programmiert, was die spätere biologische Struktur eines Menschen ausmacht; die befruchtete Eizelle stellt einen ganzen Menschen im Einzellenstadium dar (vielleicht sogar deren zwei, wenn nämlich eineiige Zwillinge sich entwickeln), ihre Tötung ist daher die Tötung mindestens eines ganzen Menschen.

Doch muß die gleiche Wissenschaft, die hier scheinbar eine klare Qualität und Stufe gefunden hat, nach ihrem Gesetz sofort wieder quantisieren und nivellieren. Die Medizin und besonders die Psychologie zeigen, was unser Selbstgefühl uns bestätigt: daß nämlich keine menschliche Persönlichkeit einfach und ausschließlich als die Auswirkung der genetischen Informationen zweier elterlicher Erbsätze zu begreifen ist, daß vielmehr das Schicksal der individuellen Entwicklung in einer je individuellen Umgebung zur Ausprägung der Einzelpersönlichkeit führt und daß bei dieser Fahrt durch die eigene Geschichte die Gene nicht viel mehr sind als der Betriebsstoff.

So haben sich bei der Diskussion um die Geburtenregelung sehr bald Befürworter dieser oder jener Form von Pillen gefunden und jeweils darauf hingewiesen, daß erst auf späteren Stadien der Keimentwicklung ernsthaft von der Tötung eines Menschen zu sprechen sei. Jeder Eingriff vor Erreichung eines solchen Stadiums präsentiert sich in solcher Sicht dann, um im Illustrierten-Jargon zu sprechen, als nur „ein bißchen Töten" und trifft noch nicht eigentlich einen Menschen. Als solche Stadien wurden genannt: die Festsetzung des kürzlich befruchteten, wenige Tage alten Eies im Mutterleib oder der Beginn seines eigenen Hormonhaushaltes im Alter von 7 bis 8 Wochen. Schließen wir hier noch die alte Auffassung an, daß erst der spürbar sich bewegende Embryo im Alter von 4–5 Monaten ein echter kleiner Mensch sei, so haben wir bereits eine dreistufige Gliederung, die wir bis zur Geburt fortsetzen können oder darüber hinaus bis zum nachweisbaren Beginn eigener Bewußtseinsinhalte beim Säugling. Wir hätten damit eine durchgehende Stufung zunehmender Wirklichkeit des werdenden Menschen, müßten theologisch die Gottesebenbildlichkeit nicht länger nur als sein „Status-Symbol" innerhalb der Stammesgeschichte, sondern auch als fließenden Prozeß in der Keimgeschichte erkennen und damit konsequenterweise eine in Gegenrichtung verlaufende moralische Entlastung des Tötungsbegriffes zugestehen.

Das mag zunächst spitzfindig erscheinen, nämlich so lange, wie wir der Befruchtung innerhalb dieser Stufenfolge noch einen deutlichen und alles überragenden Vorrang einräumen. Bei der Errichtung solchen Vorranges aber muß die Wissenschaft der Moral jede Stütze verweigern, wenn sie ihrem eigenen Gesetz treu bleiben will. Gilt wirklich der Satz, daß jede befruchtete menschliche Eizelle schon ein ganzer Mensch ist und ihre Tötung eine echte Tötung, so muß mit gleicher wissenschaftlicher Logik gelten, daß jede unbefruchtete Eizelle bereits die volle und ganze lebende Hälfte eines solchen zukünftigen Menschen ist und daß daher ihre Tötung oder auch nur die Verhinderung ihrer Befruchtung eine „halbe" Tötung ist.

Für die Biologen ist im Blick auf das Tierreich die unbefruchtete Eizelle sogar deutlich mehr als nur der halbe Keim. Sie ist schon der ganze Keim in vielen Fällen, wo die Befruchtung nebensächlich, ja überflüssig ist. Nicht nur das Ei einer Bienenkönigin kann sich „von selbst" zu einer ganzen (männlichen) Biene entwickeln, auch unbefruchtete Wirbeltiereier, zum Beispiel vom Frosch, kann man durch chemische oder mechanische Reizung zur Entwicklung anregen, und diese läuft dann bis zum fertigen, vaterlosen Jungfrosch. Was im biblischen Bereich als Inbegriff eines unfaßbaren Wunders galt, die Jungfrauengeburt, würde für die heutige Wissenschaft selbst im Bereich des Menschen zwar sensationell, aber nicht biologisch unerklärbar oder unverständlich sein: die ganze, ungeheure biologische Potenz, die wir in jedem befruchteten Ei sich entfalten sehen bis zum fertigen Organismus hin, liegt als geballte, noch ungeweckte Lebenskraft sogar schon in der unbefruchteten Eizelle allein.

Auch Liebe und Sexus, so schicksalhaft sie im Leben jedes einzelnen miteinander verflochten sind, gehören doch beide zu Schichten weit oberhalb der dumpfen, lebenquellenden Automatik der Keimzellen. Während wir noch diskutieren und beklagen, daß diese beiden Seiten unseres Seins sich im modernen Leben zusehends voneinander zu trennen drohen, beginnen beide gemeinsam ihre Bedeutung für die Fortpflanzung des Menschen zu verlieren. Schon schätzt man die Zahl der durch künstliche Befruchtung entstandenen heute lebenden Menschen auf 100000 – vor allem aber sind in den Entwicklungslabors pharmazeutischer Fabriken inzwischen längst Versuche im Gange, isolierte menschliche Keimzellen beider Geschlechter in der Kulturschale zur Befruchtung zu bringen und den so entstehenden Keim weiterzu„züchten". Als offizielles Motiv solcher Experimente gilt meist die Erprobung neuer Heilmittel, doch bald wird es möglich sein (und vermutlich wird es bereits versucht), einen solchen künstlichen und im Glas gezeugten, garantiert erbschädenfreien Keim von auserlesenen Eltern in den Leib einer zukünftigen Mutter einzupflanzen, damit er dort weiterwächst und schließlich als „ihr" Kind geboren wird. Es gibt bereits Stimmen, die mahnen, dies allein sei die verantwortungsvolle Art der Fortpflanzung angesichts der zunehmenden Erbschäden, die die meisten Eltern in ihren eigenen Keimzellen mit sich führen.

Wie sehr relativiert sich doch jede Frage nach dem Schutz des ungeborenen Lebens angesichts solcher „Fortschritte" der Wissenschaft! Wie steht es mit der Tötung der nichtgebrauchten oder der „verunglückten" Keime in solchen Labors? Wie steht es mit der „halben Tötung“ solcher auf Vorrat gelagerten Keimzellen? Es lehrt uns doch die gleiche Wissenschaft, daß solche halbe Tötung zum Gesetz unseres Leibes gehört, der ja die Keimzellen, also solche potentiellen Hälften ganzer zukünftiger Menschen, regelmäßig in jeder erwachsenen Frau zu Hunderten im Laufe ihres Lebens und in kaum vorstellbarer Verschwendung zu Millionen und Milliarden bei jedem Manne für solche vage biologische Möglichkeit so unermüdlich wie vergeblich bereitstellt. Wenn solches Absterbenlassen und Töten bereits schicksalhaft zu unserem Geschlecht gehört, ja wenn wir fühlen, daß hier die Vorstellung von Erbsünde und die Tugend der Keuschheit ihren Platz finden am Ausgangsort einer Stufenfolge, deren anderes Ende die Sünde der Tötung birgt, so wird die ganze Verwirrung dessen klar, der in diesem nivellierten Felde nach allgemeingültigen Richtmarken für die Moral suchen will. Doch stehen wir in diesem seiner äußeren Gliederung beraubten Felde nicht nur durch die Wissenschaft an Werten verarmt, sondern zugleich um einen erheblichen Grad an Freiheit bereichert: sie schenkt uns ja die Erkenntnis von der Fragwürdigkeit aller allgemeinverbindlichen, „naturgesetzlichen“ Schranken und verweist uns so, weil wir bestehen wollen und nur in einem Wertfeld bestehen können, auf die uns eigene moralische Qualität der Entscheidung für das rechte Maß.

Dieses rechte Maß zu finden, ist eine Leistung, zu der unser moralisches Bedürfnis sogar in einem Kontinuum fähig ist. Wer mit „Kanonen auf Spatzen schießt“, in unserer Sprache der Inbegriff des Mangels an rechtem Maß, der sieht unser Mitgefühl auf der Seite der Kanonen, so als wenn es uns um das Pulver mehr leid wäre als um das Spatzenleben. Wer aber angesichts einer objektiven Stufenfolge zwischen Indifferenz und Schuld mutig seine eigene, subjektive Marke der Verantwortung an den Punkt setzt, der ihm als das rechte Maß erscheint, der handelt offenbar moralisch. Sollte das nicht auch für seine Entscheidung gegenüber dem ungeborenen Leben gelten?

Es wäre denkbar, daß im Zuge der neuen Freiheit der zukünftigen Welt auch eine neue Moral entstünde und wüchse, bei der schließlich das verantwortungsbewußte Setzen persönlicher Schranken für den einzelnen und durch den einzelnen der moralische Akt schlechthin würde, während das bloße Befolgen von Gesetzen, das unbedingte Gehorchen auf Befehle und das verantwortungsfreie Beachten von äußeren Pflichten als unmoralisch gälte. Wenn es früher die Moral der Könige war, Grenzen zu setzen und moralische Werte zu wandeln, aus Mord eine Heldentat zu machen und aus der Selbstgefährdung eine Pflicht, so hat die entfesselte Wissenschaft und Technik unserer Tage uns allen die Gewalt von Königen in die Hand gegeben. Wollen wir aber jemals lernen, als Könige zu bestehen, so müssen die königlichen Gewalten in uns selbst gestärkt werden. Wenn die Menschheit bei ihrem wie immer ungewissen, aber wie nie zuvor gefährdeten und bedrohten Marsch in die Zukunft vor der von ihr selbst eröffneten fast unendlichen Macht und Möglichkeit überhaupt bestehen will (und niemand weiß, ob ihr das gelingt), so durch die asketische Kraft der einzelnen und den moralischen Verzicht der Mehrheit angesichts unendlicher und verlockender Angebote.

Jeder Christ wird hoffen, daß ihn seine Kirche nicht allein läßt bei diesem Marsch in die manipulierbare, mit ungeahnten technischen und medizinischen Möglichkeiten ausgestattete Zukunft. Jeder Gläubige wird sich wünschen, daß die Theologie nicht auf die Dauer hinter dieser faszinierenden, schnellen Entwicklung auf allen Gebieten der Medizin und Lebensführung um einige Schritte herhinkt, sondern daß ihre Diener selbst als erste die moralischen Entscheidungen treffen, die ihrem Hirtenamt in der so gänzlich gewandelten neuen Szenerie angemessen sind: es gilt nicht länger, friedliche Herden zu schützen vor den Wölfen auf den Bergen ringsum, sondern es gilt, den mündig gewordenen einzelnen zu stärken beim Kampf gegen die Wölfe in ihm selbst und dem Licht den Weg zu bahnen in seine je einzelne Finsternis hinein. Wo in diesem Licht die Verheißung aufleuchtet, daß Gott der Herr der Geschichte sei, da gilt für Hirten und Herde das alte Wort „Fürchtet euch nicht!“, da wird bei jeder neu gewonnenen Freiheit dem Menschen zugerufen, was im Faust dem Teufel selbst entgegentönt: „Du darfst auch da nur frei erscheinen!“

Die biologische Zukunft des Menschen

Wir mögen in unsere biologische Vergangenheit zurückblicken, so weit wir wollen: immer wird uns der Mensch dort begegnen als das Lebewesen, das in seine eigene Existenz eingreifen kann. Keine Tierart kennt die Biologie, die sich jemals selbst ausgerottet hätte, immer ist es das gleiche Bild bei allen Millionen Organismentypen: sie ruhen in einem ökologischen (im rechten Sinne verstanden: paradiesischen) Gleichgewicht mit ihrer Umgebung, Geburts- und Sterberate stehen in einem ausgewogenen Verhältnis zueinander, und nur von außen, von anderen Arten oder von ungünstigen Klimafaktoren her, droht ihnen Gefahr für ihre Existenz. Den Menschen dagegen rechnen die Anthropologen in jenem Jahrhunderttausende zurückliegenden stammesgeschichtlichen „Tier-Mensch-Übergangsfeld" von dem Moment an, in dem Spuren von Kannibalismus nachzuweisen sind! Kein Affe tötet seinen Artgenossen, auch heftige Rivalenkämpfe haben ihre festen Spielregeln, die dem Unterlegenen eine Flucht- und Lebenschance einräumen. Beim Menschen dagegen ist die Tötung des Artgenossen in Kampf und Krieg eine allverbreitete Lebensäußerung; ganze Rassen wurden ausgerottet und sterben noch in unseren Tagen, aber auch die Neandertaler vor mehr als hunderttausend Jahren erlitten schon das gleiche Schicksal. Mit dem Brudermord erst wird aus dem Affen ein Mensch – und von solcher Erkenntnis her fällt ein helles Licht auf die Weltenweisheit des Jahwisten, der in der Genesis Kains Mord an Abel als die erste freie und sündige Tat berichtet, die nach Verlust des Paradieses von Menschen an Menschen geschieht.

Doch gehört nicht nur dieser düstere Aspekt zum Wesensbild des Menschen. Nicht allein, daß er seinen Bruder töten kann, zeichnet ihn biologisch aus, sondern auch – und genauso erstaunlich und biologisch ungewöhnlich –, daß er seinen Bruder retten kann vom Tode, daß er Pflanzensäfte und andere Substanzen als Medikamente gebraucht und Instrumente zu Eingriffen benutzt, mit denen eine sich zunehmend entwikkelnde Heilkunst die Krankheiten bekämpft.

So ist der Mensch, wie wir ihn heute aus dem Strom der Evolution in das Dämmern der Vorgeschichte treten sehen, bereits das, als was ihn A. Gehlen definiert: von Natur aus ein Kulturwesen. Diese Kultur aber, deren erste Anfänge symbolisch kaum treffender ausgedrückt werden könnten, als es die Genesis mit Feigenblatt und Brudermord tut, enthält die Fähigkeit, das Leben des Mitmenschen zu verkürzen oder zu verlängern, Leben zu nehmen und Leben zu geben. Und das heißt: in den eigenen Bestand als biologische Art regulierend einzugreifen, anderen als den nur biologischen Gesetzen für die Entwicklung der Menschheit wie des einzelnen Gültigkeit zu verschaffen und damit die Spezies „Homo sapiens" aus dem Funktionskreis der reinen und ausschließlichen Biologie herauszuheben.

Es ist entscheidend wichtig, zu verstehen, daß der Mensch in der Natur als solcher überhaupt nur kenntlich wird durch seine Kultur, die sich – immer und je – dieser Natur in uns und um uns entgegenstellt und eben dadurch erst den Raum schafft, in dem Freiheit möglich wird. Freiheit aber ist nur dort, wo auch ihr Mißbrauch möglich ist, und daher die Tragik von Mord und Sündenfall unseres Geschlechtes, das „zur Freiheit verurteilt" ist. Für die Kenntnis von Herkunft und Aufbau unseres Körpers und die Kunst des Eingreifens in dessen Funktionen, für Biologie und Medizin also, bedeutet dies, daß sie als Leistungen unseres Verstandes und unserer Vernunft ein Merkmal unserer Art sind, nicht obwohl, sondern gerade *weil* sie sich gegen das Biologische, kreatürliche Stirb-und-Werde als das alleinige und gnadenlose Gesetz der Natur richten.

Manipulation der Menschheit, wie sie als utopisches Ziel oder als grauenvolle Mahnung am Horizont der Zukunft aufzudämmern scheint, ist – in den Grenzen der Vernunft und der Sittlichkeit – also von jeher dagewesen und nicht erst das Problem unserer Tage. Mord, Selbstmord, Opfertod, aber auch Heilung von Krankheit und Verletzung, Kindsaussetzung, Abtreibung, Empfängnisverhütung, aber auch mönchische Askese, Ehelosigkeit und Jungfräulichkeit sind bewußte, ganz deutlich „unnatürliche" Eingriffe in den biologischen Bestand der Menschheit, so verschieden jede einzelne dieser Handlungen auch immer nach unserem Sittenkodex oder im Urteil des einzelnen zu bewerten ist. Wer sie alle in Bausch und Bogen ablehnen wollte um einer falschverstandenen Natürlichkeit willen, der würde dadurch letztlich den Menschen in seiner Würde abschaffen und mit seinem „zurück zur Natur" den „nackten Affen" aus ihm machen, der er doch nach unserer aller Überzeugung eben gerade nicht ist.

Unter diesen Voraussetzungen soll hier betrachtet werden, was die moderne Medizin und Biotechnik für das „Experiment Menschheit" schon jetzt leistet und was sie allenfalls leisten könnte.

Es ist nicht erstaunlich, daß sich die Hoffnung auf den Fortschritt der Wissenschaften für den einzelnen vor allem auf seine Errettung von Krankheiten und vom Tode richtet. In dem Maße, wie eine religiös unsichere Menschheit das irdische Leben mit zunehmender Selbstverständlichkeit als die einzige Existenzform überhaupt ansieht, muß sich notwendig alle Heilserwartung immer ausschließlicher auf Medizin und Biotechnik richten. Der Abfall im Sozialprestige der Priester und der Anstieg in dem der Wissenschaftler und Ärzte in unserer Zeit spiegelt diese Entwicklung. ‚Helfer der Menschheit' ist der, der ihre Krankheiten besiegt und ihren Tod bekämpft.

In der Tat ist der gigantische Kampf der modernen Medizin gegen die Krankheiten in vielen Gebieten bereits zu einem Siegeszug geworden. Infektionskrankheiten, die jahrhundertelang als Geißel der Menschheit ganze Nationen dezimierten (Pokken, Cholera, Pest), sind in den Zivilisationszentren heute praktisch ausgestorben. Man darf die Prognose wagen, daß es in einigen Jahrzehnten diese Krankheiten nicht mehr geben wird. Auf der anderen Seite sehen wir heute neue oder zumindest früher unbekannte Krankheiten (vor allem Krebs und Herzinfarkt) schrecklichere Beute halten als frühere Epidemien. Ist es mit den Krankheiten wie mit der Hydra, dem Ungeheuer, dem stets neue Köpfe wuchsen, wenn einer abgeschlagen wurde? Die ständig steigende Höhe des durchschnittlichen Lebensalters spricht dagegen: sie zeigt einen wirklichen und unleugbaren Fortschritt an: unsere Lebenserwartung liegt heute fast doppelt so hoch wie die eines Menschen im frühen Mittelalter. Vor allem die Säuglings- und Müttersterblichkeit sind praktisch völlig gebannt.

Immerhin bleiben nach neuester Zählung etwa 30000 Krankheiten, die dem Menschen heute in seinem Leben widerfahren können. Kaum 300 davon werden in der normalen Arztpraxis erkannt und behandelt, sie alle aber werden in der zukünftigen, von Computern betreuten Diagnosetechnik zu erfassen sein. Es ist keine Utopie ohne Grund, wenn wir vermuten, daß eine zukünftige Menschheit, die die gewaltigen Anstrengungen der medizinischen Forschung noch einige Jahrzehnte oder gar Jahrhunderte fortsetzt, eines Tages die Ursache aller dieser Krankheiten erkannt haben wird und sie zu heilen, besser noch: zu vermeiden gelernt hat.

Dabei wird es vermutlich nicht so spektakulär zugehen, wie im Augenblick bei den ersten erfolgreichen Versuchen der Herzverpflanzung. Ob sie gelingen oder nicht, ob hier oder dort in diesem Wettlauf der Chirurgie ein Behandelter einige Monate länger lebt, als er es mit dem eigenen Herzen noch gekonnt hätte: das ganze Unternehmen darf nicht mißverstanden werden als ein ernsthafter medizinischer Versuch, die Massenkrankheit des Herzinfarktes zu heilen, sondern muß gesehen werden als ein Experiment, das über die Verläßlichkeit operativer Methoden und über die Verträglichkeit fremden Gewebes im menschlichen Körper Auskunft gibt. Wenn die Sensation abgeklungen ist, die mit Dr. Barnards ersten Erfolgen begann, wird es gewiß bald still werden um solche und ähnliche Verpflanzungsexperimente. Der einzelne wird auch in Zukunft seinen Herztod sterben, ohne daß ein fremdes Herz ihm weiterhülfe. Und bald wird die nüchterne Überlegung die Oberhand gewinnen, daß mit dem gleichen Aufwand an Ärzten, Anstrengungen und Kosten, die bei einer solchen Operation im günstigsten Falle einem Patienten einige Lebensmonate schenken, leicht Dutzende anderer für die gleiche oder längere Zeit vorm Tode bewahrt werden könnten. In Ärztekreisen ist diese nüchterne Besinnung längst erfolgt – hoffen wir, daß sie auch in den illustrierten Wochenzeitschriften bald einkehren möge.

Man darf vermuten, daß in Fällen schwerer Unfallverletzung eine zukünftige Medizin durch Verpflanzung oder durch Einbau entsprechend vollkommener Prothesen den Tod abwenden kann. Doch die eigentliche Erwartung an die Wissenschaft der Zukunft ist, daß sie erlernt, Krankheitszustände an unseren Organen wirklich zu heilen oder gar zu vermeiden, daß sie überhaupt auftreten. Die Medizin wird eines Tages stärker sein als die Krankheiten, die den Menschen bedrohen. Sie könnte – und dieser Zeitpunkt braucht nicht allzufern zu liegen, in den Zivilisationszentren mögen ihn unsere Urenkel erleben – jedem Menschen das volle Erleben der Spanne garantieren, die die Natur für seine Existenz gesetzt hat. Außerdem aber wird sie über heute noch unvorstellbar verbesserte Möglichkeiten der Lebensrettung bei Unfällen und Verletzungen verfügen, so daß auch Menschen noch weiterleben können, deren Organe zu einem großen Teil zerstört sind.

Mehr zu hoffen wäre töricht, denn diese Spanne des Lebens, zu deren vollen Ausmaßen uns verholfen werden könnte, ist nicht größer als acht bis neun Jahrzehnte und mag sich nur in besonders günstigen Fällen bei einigen Individuen bis zum hundertsten Lebensjahr oder ein wenig darüber erstrecken. Wenn also der Jahwist der Genesis von Noahs Zeit an das Alter der Menschen auf 120 Jahre festsetzte, so griff er schon sehr weit. „Wenn's hoch kommt sind's achtzig", das ist offenbar wirklich die unserer Art gemäße normale Grenze, wobei wir bereits an der Spitze aller Säugetiere stehen! Diese nüchterne Erkenntnis ist der Wissenschaft in letzter Zeit erneut klargeworden, als sich nachweisen ließ, daß die wesentlichen Zellen unseres Körpers nur eine sehr beschränkte Zahl von Teilungen durchmachen können. Schon im Säuglingsalter steht für die einzelnen Zellsorten die höchste Zahl möglicher Teilungen fest und damit der Zeitpunkt, an dem sie spätestens unbrauchbar werden. Der Tod ist der Preis, den das Leben kostet; daran wird auch die zukünftige Biologie und Medizin nichts ändern.

So modern dieser Ausdruck in unseren Tagen geworden ist: die Geburtenkontrolle ist im Grunde ein uraltes Regulativ der menschlichen Gesellschaft und findet sich bereits bei deren primitivsten Formen. Tötung von Neugeborenen, Kindsaussetzung, Praktiken der Abtreibung oder Empfängnisverhütung sind bei den meisten Völkerstämmen bekannt, ebenso auch seit der Antike im Abendland. Kinderlosigkeit durch Ehelosigkeit und Askese werden in bemerkenswerter Übereinstimmung in vielen Kulturkreisen als moralische Leistungen einer Elite gewertet. Erst in unserer Generation aber ist die positive medizinische Sterbekontrolle (im Sinne eines Kampfes gegen den Tod) so erfolgreich geworden, daß sich aus dem Gleichgewicht der menschlichen Bevölkerung oder aus deren langsamem Ansteigen das bedrohliche Anschwellen einer „Bevölkerungslawine" ergibt, so daß der Ruf nach der Geburtenkontrolle laut wird. Wo Kindersterblichkeit und Seuchen bekämpft wurden, steigt die Kurve des Geburtenüberschusses sprunghaft zu erschreckenden Werten hoch: für das Jahr 2000 müssen wir bei gleichbleibendem Wachstum mit einer Verdoppelung der jetzigen Erdbevölkerung rechnen, d. h. mit 6 bis 7 Milliarden, von denen die meisten in Gebieten leben werden, in denen bereits heute Hungersnot herrscht.

In dieser Situation ergab sich für Medizin und pharmazeutische Industrie erstmals der legale Anlaß, aus unbestreitbarer Motivation heraus nach wirksamen Mitteln zur Geburtenkontrolle zu forschen. Mit der Erfindung künstlicher Ovulationshemmer durch Pinkus (1952), der sogenannten Anti-Baby-Pillen, hatte diese Suche ihren ersten nachhaltigen Erfolg. Kein anderes Medikament ist jemals von einer so großen Bevölkerungsmenge eingenommen worden, seine Wirkungen und Nebenwirkungen sind aus Millionen von Anwendungsfällen bekannt, und es steht fest, daß heute in Deutschland fast 10% aller erwachsenen Frauen von ihm Gebrauch machen; in anderen Ländern, vor allem in den USA, sind es noch mehr.

Zweifellos ist es nicht die Sorge um die drohende Übervölkerung der Erde, die den einzelnen zu dieser Geburtenplanung greifen läßt, sondern es sind die persönlichen Wünsche nach einer entlasteten Lebensführung für sich selbst und für die Familie. Trotzdem steht der „Nebenerfolg" des damit verbundenen weltweiten Geburtenrückganges fest: es sind heute bereits mit Sicherheit viele Millionen Kinder weniger auf der Welt, als sie es ohne den Massenkonsum der Kontrazeptiva wären, das zeigen Statistiken mit großer Eindeutigkeit. Die Möglichkeit zu solcher quantitativen Geburtenkontrolle, d. h. zur bewußten Planung der Größe einer Familie und des Zeitpunktes der Geburt der einzelnen Kinder, wird in unseren Tagen zum Bestandteil der Zivilisation; auch die protestantischen Kirchen erkennen diesen Tatbestand und entlassen ihre Gläubigen damit aus einem Gewissenskonflikt, der den einzelnen überforderte. Die päpstliche Enzyklika „Humanae vitae" vom August 1968 erscheint dagegen wie ein letzter Versuch, das Rad der Geschichte anzuhalten und zurückzudrehen. Bleibt es dabei, so wird die katholische Kirche zu einer christlichen Sekte. Sowenig wie es heute noch als Frage der Weltanschauung oder Moral empfunden wird, ob man sich einer vorbeugenden Impfaktion unterzieht (d.h., es nicht einfach dem Schicksal überläßt, ob man eine Infektionskrankheit erleidet oder davon verschont bleibt), so wenig wird man es in Zukunft – in weiten Kreisen der Bevölkerung heute schon – für eine religiöse oder moralische Frage halten, wann ein Ehepaar seine Familie vergrößert: in beiden Fällen werden spätere Generationen mit völliger Selbstverständlichkeit, d.h. im Gefühl, das Natürliche zu tun, die vorhandenen Möglichkeiten der Medizin ausnutzen, um das eigene Leben und das der Familie zu planen. Nur das Motiv solcher Planung, nicht aber diese Planung selbst, wird einer moralischen Beurteilung unterworfen bleiben. Gewiß ist damit die Möglichkeit einer weitgehenden Trennung von Sexualität und Fortpflanzung verbunden, aber gerade das ist ein neuer Freiheitsgrad, der keineswegs notwendig zur Unmoral führen muß. (Wie wenig die bisherige Kopplung von Sexualität und Fortpflanzung solche Unmoral verhindern konnte, weiß jedermann.) Hat nicht in der früheren hohen Bewertung der Elternschaft und der großen Familie auch die hilflose Solidarität mit der dumpfen Kreatürlichkeit mitgeklungen, in der jedem gesunden Ehepaar solcher Kindersegen mit der Unabwendbarkeit eines Naturgesetzes zuwuchs, solange nur die Kräfte und die Gesundheit der Mutter es zuließen? (Das heißt: im Mittelalter durchschnittlich bis zur siebenten oder achten Geburt, denn es starben damals ca. 80% der Kinder und 12% der Mütter bei oder kurz nach der Geburt.) In einer zukünftigen Gesellschaft, in der jedes Kind mit Selbstverständlichkeit ein „Wunschkind“ sein wird, kann sich diese neugewonnene Dimension der Freiheit sehr wohl auch darin äußern, daß Elternschaft, von allem kreatürlichen Zwang befreit, ihre Würde neu begreift als eine moralische Leistung im Sinne eines demütigen Dienens als freie Schöpfungsgehilfen Gottes.

Die zukünftige Entwicklung der Biotechnik wird uns jedoch nicht allein mit der quantitativen, sondern auch mit der qualitativen Geburtenkontrolle konfrontieren. Nicht wie viele Kinder, sondern *was für Kinder* einer Ehe entwachsen sollen, das ist die Frage, die sich im gleichen Moment stellt, in dem es die Möglichkeit einer Manipulation gibt. Man kann erwarten, daß es bald möglich sein wird, mit medikamentöser, hormonaler Beeinflussung der männlichen Keimzellen das Geschlecht des künftigen Kindes festzulegen; also „Jungen-Pillen“ und „Mädchen-Pillen“, von einem der Eltern einzunehmen. Doch geht die eigentliche qualitative Geburtenkontrolle noch einen entscheidenden Schritt weiter: ihre Befürworter meinen damit die bewußte Auswahl der elterlichen Erbfaktoren, d.h. „künstliche“ (vom Arzt durch instrumentelle Übertragung der Keimzellen vorgenommene) Befruchtung durch genetisch geprüfte „Samenspender“. Für den Biotechniker ist dies eine in der Tierzucht bereits zur Routine gewordene Methode, für den Christen aber liegt bei der Anwendung solcher Methoden am Menschen eigentlich der Tatbestand des Ehebruchs vor. Es steht fest, daß heute bereits, vor allem in den USA und in Israel, viele Tausende von Fällen solcher „heterologischen Insemination“ in Kliniken erfolgreich durchgeführt wurden, und zwar jeweils im Einverständnis beider Ehepartner. Den Argumenten für solche Manipulation wird man nicht so leicht widersprechen können: Erbkrankheit eines Ehepartners, Furcht vor genetischen Schäden infolge gesteigerter Mutationsrate (atomare Verseuchung) und vor allem: nachprüfbare, genetisch einwandfreie Erbsubstanz bei den Spendern. Verbleibenden Problemen juristischer und anderer Natur versucht man dadurch entgegenzutreten, daß ein Mischsperma benutzt wird, d. h. ein Gemisch von männlichen Keimzellen mehrerer Spender, was eine eventuelle Nachforschung nach dem Vater unmöglich macht. Hinzu tritt neuerdings die Möglichkeit, solches Sperma jahrelang tiefgekühlt zu lagern, so daß im Extremfall der Vater eines solchen Kindes längst verstorben ist, wenn die künstliche Insemination erfolgt.

Daß sich hier keine Praktiken abzeichnen, die in Zukunft allgemein üblich werden könnten, scheint klar, doch muß festgehalten werden, daß in Einzelfällen eine qualitative Geburtenplanung solcher Art in der biologischen Zukunft unserer Menschheit nicht mehr ungewöhnlich sein wird. Bedenken wir schließlich, daß man damit rechnen muß, eines Tages sogar menschliche Embryonen außerhalb des Mutterleibes, in künstlicher Umgebung zu „züchten“, so wird die ganze unheimliche Szenerie der Zukunft deutlich. Wer wollte einem Ehepaar, das schwer erbkrank ist und daher keine eigenen Kinder haben darf und haben will, oder einem anderen, das wegen organischer Defekte keine eigenen Kinder erzeugen kann, verbieten, auf solche Weise doch mit ärztlicher Hilfe noch zu einem gewünschten Kind zu gelangen? Mit der Behauptung, so etwas sei gegen Gottes Ordnung und Schöpfungsplan, macht man es sich zu einfach. Wer kennt denn Gottes Schöpfungsplan so genau, daß er das wüßte? Und ist es dann nicht auch gegen Gottes Schöpfungsplan, wenn wir einem Todkranken zu neuem Leben helfen oder Siamesische Zwillinge trennen, damit sie leben können?

Unsere Generation wird sich mit solchen Problemen sehr ernsthaft auseinandersetzen müssen, unsere Kinder oder Enkel werden sie für sich zu lösen haben. Eine tiefgreifende Änderung in der Haltung zur Ehe, zur Verantwortlichkeit des einzelnen und zur moralischen Würde der Entscheidung kann allein die Lösung bringen in diesen schwierigen Konflikten, die mit der biotechnischen Selbstmanipulation des Menschen in der Zukunft auf uns zukommen. Wir dürfen uns freuen, wenn uns solche Entscheidungen heute noch erspart bleiben, aber wir müssen uns und unsere Kinder darauf rüsten.

Der ganze Umfang dessen, was an möglicher Manipulation in der Zukunft liegt, wird erst klar, wenn wir über die heute bereits praktizierten ersten Schritte der Geburtenkontrolle und künstlichen Befruchtung hinausblicken auf das, was Genetiker und Biotechniker in ihren Utopien entwerfen. Diese modernen Zukunftsbilder gehen weit hinaus über das, was der geniale A. Huxley in seiner „schönen neuen Welt" voraussah; sie sind im einzelnen so unerhört und so völlig neu und verwirrend, daß die Versuchung nahe liegt, vor ihnen einfach die Augen zu verschließen und sie für krankhafte Phantasiegebilde zu erklären.

Im Londoner Ciba-Colloquium (1962) wurde erstmals deutlich, welche Möglichkeiten in der biologischen Energie der Keimzellen frei werden könnten, wenn das Experimentieren mit dem menschlichen Erbgut beginnt. Inzwischen sehen wir, daß die Entfesselung dieser biologischen Energien weit stärker noch als die der atomaren zu einer gewaltigen „Explosion" führen könnte, die unsere Werte und unsere menschliche Ordnung zutiefst erschüttern und bedrohen müßte. Am Beginn solcher explosiven Überrollung unserer gewohnten Welt würde das stehen, was beim Tübinger Kolloquium über Biochemie und Theologie (1965) von Genetikern vorgeschlagen wurde: eine präventive Eugenetik, bei der „Massenvaterschaften ausgewählter Spender" als Maßnahme gegen die zunehmende genetische Last des menschlichen Erbgefüges empfohlen wurde. Als Empfänger solcher garantiert erbreinen männlichen Keimzellen wurden „weibliche Individuen" vorgeschlagen (also Frauen, wie man in weniger geziertem Gelehrtendeutsch auch sagen könnte), „die genügend Idealismus und Einsicht besitzen, der nächsten Generation eine optimale biologische Chance zu geben".

Als es gelang, einen tiefen Einblick in das biochemische Geschehen bei der Erbübertragung zu gewinnen, den „Code der Geheimschrift des Lebens" zu entziffern, begannen sogleich Überlegungen, ob man nun diesen Code nicht ändern könne. Eine Mikro-Chirurgie könnte aus den menschlichen Chromosomen – so spekulierte man – eines Tages die schlechten und schädlichen Erbanlagen einfach herausschneiden und so den Eltern zu einem Nachkommen verhelfen, der von kranken und lästigen Eigenschaften befreit ist. Man könnte so vielleicht gar zu einem zukünftigen Menschentyp gelangen, dem unwürdige Eigenschaften wie der Aggressionstrieb ganz fehlen würden und der statt dessen eine züchterische Verbesserung darstellt.

Zu solchen Spekulationen fehlt – Gott sei Dank, möchte man sagen – bisher jeder ernsthafte wissenschaftliche Anlaß. Sie gehören in die gleiche Kategorie wie die Vorstellungen von Gehirnverpflanzungen und könnten damit abgetan werden, wenn nicht die Intention so ernst zu nehmen wäre, die sich dahinter zeigt. Ist es noch als Optimismus zu bezeichnen, als Fortschrittsgläubigkeit, oder muß man es nicht Hybris, sträfliche Überheblichkeit, nennen, wenn Wissenschaftler (in ihrem Spezialfach von strenger Disziplin und Logik) bei solchem freien Spiel der Phantasie ihre völlige Wesensblindheit für Wert und Würde des Menschen enthüllen? Wo bleibt der in seinem Spezialfach so bewährte Verstand, wenn einer von ihnen sogar forderte, man solle auf solche Weise doch aus dem menschlichen Erbgut die Sexualität ganz entfernen, „als Relikt der Tierwelt und Triebfeder menschenunwürdiger Instinkte"?

Doch ist der Höhepunkt der spekulativen Zukunfts-Biologie erst erreicht bei dem Bereich der neuen Wissenschaft, die Lederberg (ein angesehener amerikanischer Nobelpreisträger der Molekularbiologie) „Algenie" nennen möchte. Ähnlich wie die Alchemie des Mittelalters den Stein der Weisen suchte und damit die absolute Macht über die Zukunft, soll diese „alchemistische Genetik" das geheime Zauberrezept finden helfen, mit dem man Lebewesen nach Maß anfertigen könnte. Lederberg ist überzeugt davon, daß einzelne Chromosomen aus dem Erbgut von Tieren miteinander gemischt werden könnten (ähnlich dem züchterischen Vorgang der Kreuzung) und daß man auch ausprobieren wird, wie ein solches Chromosom, z.B. von einem Affen, sich auswirkt, wenn es der Erbmasse des Menschen hinzugefügt wird. Konkret gesagt: er prophezeite (1967), daß man bald beginnen wird, „paramenschliche Infante" zu züchten, also Lebewesen, deren Ausgangsbasis nicht zwei elterliche menschliche Chromosomensätze sind, sondern ein Gemisch aus Erbfaktoren mehrerer Menschen und Tiere.

Er hat durchaus recht, wenn er davon ausgeht, daß solche Chromosomengemische wenigstens in einigen Fällen lebensfähige Wesen ergeben müßten und daß es Organismen wären, wie sie nie vorher existiert haben. Und er ist unbeirrbar und konsequent genug, sich vorzustellen, daß von der Erzeugung solcher Retortenwesen für die Wissenschaft wertvolle Rückschlüsse auf das Wirken der einzelnen Erbfaktoren zu erhoffen wären. („Wir werden gewiß bald von Versuchen über den Effekt der Dosis des menschlichen Chromosoms 21 auf das Gehirn der Maus oder des Gorillas hören.") Wie sehr aber unser Selbstverständnis als Menschen durch solche Versuche erschüttert werden wird, das mag an einem weiteren wörtlichen Zitat aus Lederbergs Schrift klarwerden. Es geht dort um die Abgrenzung solcher paramenschlichen Infante gegenüber dem Menschen selbst. „Wie aber bestimmen wir für den Menschen, was ihn von experimentellen karyotypischen Hybriden abgrenzt? Pragmatisch gesehen, werden die gesetzlichen Privilegien der Menschheit auch für die Objekte bestehenbleiben, die dem Menschen genügend ähnlich sehen, um sein Gewissen zu fesseln, und deren Unterhalt nicht zu viel kostet. Statt der oberflächlichen Erscheinung des Gesichts oder der Chromosomen könnte ein vernünftiges Kriterium für menschliche Identifizierung darin liegen, wie weit die Möglichkeit der Verständigung miteinander gegeben ist, denn diese ist ja die Grundlage, auf der die einzigartige Glorie des Menschen errichtet ist."

Der deutlich zynische Unterton dieser Bemerkung enthüllt

zugleich den tragischen Hintergrund einer Persönlichkeit, die im Prozeß einer erbarmungslosen wissenschaftlichen Folgerichtigkeit angesichts einer möglichen Zukunft nicht nur seine Leser, sondern auch sich selbst über die Grenze des Erträglichen geführt hat. Wo das „Experiment Menschheit" zur Selbstabschaffung des Menschen wird, führt sich diese Wissenschaft wahrhaftig ad absurdum und nimmt in ihrer Maßlosigkeit die Züge des Irrsinns an. In solcher Einsicht mag der echte Wert solcher Utopien liegen: an dem Bild, wie unsere Zukunft sein könnte, wird deutlich, wie sie nicht sein darf.

Wer die Menschheit durch Manipulation des Erbgefüges an die Zukunft anpassen will, hat weder das Wesen des Menschen noch das der Zukunft begriffen. Nicht daß der Mensch zukunftsfähig werde, kann Aufgabe unseres Handelns sein, sondern allein, daß die Zukunft menschenwürdig werde! Dazu aber ist offensichtlich notwendig, daß der übertriebene Biologismus unserer Zeit überwunden wird, der in fehlgeleiteter Heilserwartung allein von den Errungenschaften der zukünftigen Wissenschaft alle Hilfe für das Schicksal erhofft.

Moral im Jahrhundert der Biologie

(Zusammenfassende Thesen)

1.

Nach dem Jahrhundert der Philosophie kam das der Naturwissenschaften, in dessen Erbe wir stehen. Naturwissenschaft fragt nicht, was ‚Natur' eigentlich sei (wie Biologie nicht eigentlich nach dem Leben fragt), sondern sie schafft in ihrem spezifischen Prozeß der rational-kausalen Welt-Bewältigung etwas, das sie ‚Natur' nennt. Erklärtes Endziel ist, daß diese Natur eines Tages mit der Welt identisch wird. Der Begriff ‚Natur' wird überflüssig, wenn alle Wissenschaft Naturwissenschaft geworden ist, so, wie der Begriff ‚übernatürlich' sich erübrigt, wo alles sich ‚natürlich' erklären läßt.

2.

Im Zuge der „Profanierung des Kosmos" setzt sich objektives Wissen von Quantitäten an Stelle des subjektiven Wissens um Qualitäten. Dieser Wandel wird als Gewinn (Fortschritt) verstanden, da mit der Relativierung des Absoluten (der Qualitäten) die Freiheit des einzelnen wächst. Aufklärung (als „Aufbruch aus der Unmündigkeit", Kant) muß als solche daher auch den absoluten Anspruch der bürgerlichen, sittlichen und religiösen Gesetze bestreiten. Gesetzestreue wird zum Problem, und damit erstmals im tiefsten Sinne auch jede Moral.

3.

Zugleich wird die Wissenschaft aus einer Dienerin der Religion zu einem Erfüllungsgehilfen der Technik: was die Welt – so, wie sie ist – an Glanz verliert durch ihre wissenschaftliche Deutung als Summe von Quantitäten, das gewinnt sie zugleich als Hoffnung auf Gestaltbarkeit, als Welt, so, wie sie sein könnte. In dem Maße, wie Wissen Macht wird, muß sich die durchaus diesseitige Heilserwartung einer profanierten Welt von den physikalischen Wissenschaften (die nur über tote Materie handeln) verlagern auf die Biologie und Medizin, die letztlich Einfluß auf die unmittelbare menschliche Existenz verheißen. Auf die Atomtechnik folgt daher die Biotechnik.

4.

Die alte moralische Frage „Habe ich recht gehandelt?" verkehrt sich in diesem Jahrhundert in die völlig andersartige Frage: „Habe ich das Recht zu handeln?" Ob solche Frage religiös, humanistisch-sittlich, juristisch oder rein pragmatisch gestellt wird, hängt vom Welthintergrund des Fragenden ab. Ist dessen Welt von Qualitäten entleert, so wird auch die Frage selbst leer und nimmt die Form an „Handle ich richtig?" (Dies ist dann die rein rationale Frage des Schachspielers bei jedem Zuge: sie wird vom gut programmierten Computer besser beantwortet als vom menschlichen Verstand!)

5.

Die Herzverpflanzungen von Kapstadt haben die zwiespältige Situation der Menschheit als Handelnde und Leidende im Bereich der Biotechnik aufgewiesen. Im Grunde ist weniger Jubel als Grauen ausgelöst worden. Ein Teil solchen Grauens stammt von der Entmythologisierung des Herzens zum Ersatzteil, ein anderer von der Gottähnlichkeit des Arztes (Biotechnikers) als des Richters über Tod und Leben. Hier hat die Wissenschaft Tabus gebrochen und das Selbstgefühl des Menschen einer tiefen schmerzhaften Unsicherheit ausgesetzt. Diese Unsicherheit wird zur Ratlosigkeit angesichts der möglichen zukünftigen Fortschritte der Organverpflanzungs-Technik, die bis an oder über die Grenzen der personalen Identität des einzelnen führen.

6.

Der Schock dieser Möglichkeiten betrifft jedoch nur theoretisch den einzelnen; vieles ist utopisch (Gehirnverpflanzung), anderes wird vom medizinischen zum technischen Problem „entschärft“ (Kunstherz, Kunstniere). Die Lebensdauer des Individuums ist nicht einschneidend zu verändern, das optimale Angebot der Medizin und Biotechnik an den einzelnen bleibt: das volle Erleben seiner biologisch gesetzten Spanne von 8–9 Lebensjahrzehnten. Der Tod kann verschleiert und vertuscht werden, ja er ist vielleicht sogar aufschiebbar (Tiefkühlschlaf) – aber er bleibt unvermeidbar der Preis, den das Leben kostet.

7.

Dagegen sind die Möglichkeiten der Manipulation fremden Lebens von großem Ausmaß und unabsehbarer Tragweite. Geburtenkontrolle in ihrer quantitativen Form ist dabei nur die erste, biotechnisch primitivste Stufe der möglichen Eingriffe in die Fortpflanzung der Menschheit. Zweifellos wird die Anwendung von Kontrazeptiva für eine ständig wachsende Zahl einzelner (wie ganzer Nationen) zu einem unaufgebbaren Grundrecht der Persönlichkeitsentfaltung. Es fehlt vielen Menschen bereits heute die Einsicht in eine moralische Relevanz dieses Eingriffs; spätere Generationen werden ihn für schlechthin ‚natürlich‘ ansehen, und mit ihm die grundsätzliche Trennung von Sexualität und Fortpflanzung.

8.

Moralisch wie praktisch wesentlich bedeutsamer ist die qualitative Geburtenkontrolle, bei der von der homologen zur heterologen Insemination übergegangen wird (Tausende von Fällen bereits heute, vor allem in den USA und Israel). Dieser Technik begegnet einerseits die christliche Ehe-Auffassung mit schärfster Ablehnung, andererseits die soziologische Besorgnis um die zunehmenden Genschäden in der Bevölkerung (genetische Last) und Befürwortung als Methode „verantwortungsbewußter Elternschaft". Mischsperma und tiefgekühlte Spermabanken (als in der Viehzucht bewährte Methoden) werden als Regulative zur Verminderung der sittlichen Relevanz angeboten. ‚Moralische' Argumente auf beiden Seiten, jeweils in sich (d.h. für ihr Bezugssystem) stimmig, führen zur logischen Aporie jeder sittlichen Entscheidung.

9.

Zugleich mit der beginnenden Trennung von genetischer und sozialer Vaterschaft ergibt sich eine Unterscheidung zwischen biologischer und soziologischer Mutterschaft: Embryogenese in vitro ist (seit Petrucci, 1961) Ziel einer Biotechnik, die vermutlich sehr bald das erste ‚Retortenbaby' liefern wird. Damit ist A. Huxleys Vision der „brave new world" in greifbare Nähe gerückt: dort wird schließlich eine Verbindung von Fortpflanzung und personaler Liebe sogar als ‚unnatürlich' empfunden. Sexualität, Fortpflanzung und Liebe sind im Jahrhundert der Biologie aus ihrer obligatorischen Verbindung gelöst: eine Moral, die von dieser Drei-Einheit ausging, verliert dadurch zwangsläufig ihre grundsätzliche Verbindlichkeit.

10.

Die Fortpflanzung kann sich ihrerseits von der inhärenten Sexualität der Keimzellen lösen, wenn man zur „Selbstung' (vegetativen Klon-Bildung) phänotypisch bereits bewährter Gen-Kombinationen (= Individuen) übergeht. Hormonale Anregung zur Bildung identischer Mehrlinge, wie sie klinisch bereits durchgeführt wurde, bringt in Verbindung mit der Biotechnik der In-vitro-Embryogenese ein weiteres Detail der

Huxleyschen Utopie in technisch greifbare Nähe. Lederberg (1967) empfiehlt solche Methoden bereits für die Nachwuchssteuerung in gewissen Berufsklassen (Astronauten etc.).

11.

Letztes – theoretisch denkbares – Endziel der Geburtenkontrolle ist dann die ‚Algenie' (= alchemistische Genetik) Lederbergs, in der Erbanlagen höherer Tiere mit denen des Menschen gemischt werden, um eine Auswahl ‚paramenschlicher Infante' zu erzeugen, die als Forschungsobjekte, aber auch als Organlieferanten und Haushaltssklaven Eingang in die Umwelt des Menschen finden könnten. Die daraus resultierende Unschärfe des Begriffes ‚Mensch' führt sämtliche moralischen, sittlichen und juristischen Kategorien ad absurdum.

12.

In einer Welt, in der alle vorgefundenen Grenzen und Richtmarken im Ansatz der Wissenschaft und Technik schwinden und in der bewährte Qualitäten sich zu einem Kontinuum von Quantitäten auflösen, ist eine Moral im Sinne eines ‚Wohlverhaltens innerhalb gesetzter Ordnung' unmöglich. Da wir ein Ordnungsgefüge in einem absoluten Wertefeld für unser Verhalten (und für das derer, für die wir verantwortlich sind) benötigen – einfach, weil nach Thomas von Aquin Frieden ein Ruhen in der Ordnung ist, ohne moralische Ordnung also Frieden unmöglich wird –, hat unsere Generation erstmals die schwere Aufgabe, aus eigener Kraft eine neue Moral zu setzen.

13.

Das Setzen einer Moral wird theologisch („Scientes bonum et malum") als die Frucht vom Baum der Erkenntnis verstanden, als der urmenschliche Akt, der das Risiko der Sünde birgt und aus der Gottesebenbildlichkeit eine „geraubte Gottesgleichheit" (Bonhoeffer) macht. Aus unschuldiger Blöße wird im symbolischen Bild der Genesis die ‚Nacktheit', deren man sich schämt und die man durch Kleidung verdeckt (Kultur als „Opposition zur Natur", Kolakowski). In diesem Sinne erkennen wir im Jahrhundert der Biologie durch Biotechnik und Algenie, daß wir moralisch ‚nackt' sind, d. h. nicht länger unschuldig geborgen in einer vorgegebenen Ordnung, sondern ‚verurteilt zur Freiheit', selbst solche Ordnung für uns und andere zu gründen.

14.

Das paradiesische Urpaar der Genesis schämte sich seiner Nacktheit; nicht voreinander, sondern vor ihrem Gott Jahwe. Die Enthüllung unserer menschlichen Kreatürlichkeit als „nackter Affe" (Morris) wird in unserer Zeit als Fortschritt der ‚Aufklärung' verstanden und mit Behagen wie eine Befreiung von unangebrachtem Schamgefühl gefeiert. Wenn Aufklärung als Aufbruch aus der selbstverschuldeten Unmündigkeit verstanden wird, so wird für uns ein weiterer Schritt in dieser Richtung nötig, nämlich Aufklärung darüber, wie wir im Stande der selbstverschuldeten Mündigkeit existieren könnten. „Müßten wir wieder vom Baum der Erkenntnis essen, um in den Stand der Unschuld zurückzufallen?" (Kleist).

15.

Es wird klar, daß die Zukunft davon abhängt, an welches Bild des Menschen der einzelne zu glauben gewillt ist (Glauben im strengen Sinne von: für die eigene Existenz verbindlich anerkennen). „Ebenbild Gottes" oder „nackter Affe" sind zwei Möglichkeiten solchen Glaubens, jede mit tiefen Konsequenzen bis in die moralischen Alltagsentscheidungen hinein. Konsumverzicht, Askese, Bemühung um Individualitätsgewinn und Behauptung in der drohenden Uniformierung von Handeln und Denken sind Ansätze zu einer Selbstgestaltung der menschlichen Gegenwart, die allein eine menschliche Zukunft möglich macht.

16.

Wissenschaftliche und technische Askese (Produktions- und Konsumverzicht) sind die moralischen Anstrengungen, die der einzelne zu erbringen haben wird, wenn eine Ordnung erhalten bleiben soll, in der die Menschheit ruhen kann. Wo dem Ignoramus die feste Grenze des Ignorabimus zu schwinden droht, muß die neue Grenze eines ‚Velimus ignorare' als moralische Leistung gesetzt werden. Ebenso muß der ‚Homo faber' zu einem ‚nolimus facere' fähig sein, wenn aus dem Homo sciens jemals der wirkliche ‚Homo sapiens' werden soll. Dies alles nicht als schwärmerisch-romantischer Appell, auch nicht als religiöse Forderung, sondern als logisch zwingende Folge aus der für jedermann einsehbaren Maxime der Vernunft: was auch immer rechtes Handeln letztlich sei – es muß jedenfalls ein Handeln auf absehbare Folgen hin sein.

17.

Die logische Aporie des Entscheidungszwanges in einem Raum scheinbar unbegrenzter Entscheidungsfreiheit, wie ihn das Setzen einer moralischen Ordnung für unser Leben erfordert, übersteigt die Grenzen unseres eigenen Vermögens (moraltheologisch: die Grenzen unserer ‚geschuldeten Natur'). So kann die Sicherheit, die wir brauchen, um von solcher Freiheit nicht gelähmt zu werden, nur ‚geschenkt' werden. Das metaphysische Bedürfnis der Menschheit, ihr stetiges Hoffen auf das Heil, wendet sich von der profanierten Wissenschaftswelt notwendig in dem Maße ab, wie das Ringen nach intellektueller Freiheit umschlägt in die Sehnsucht nach existentieller Geborgenheit. Zugleich verlangt die auf die ‚Unmündigkeit' folgende Reife der Menschheit weniger nach der wissenschaftlichen Beschreibung, warum Leben möglich sei, als nach der existentiellen Bestätigung eines Zieles und eines Auftrages, für das zu leben wert ist.

18.

Auf das Jahrhundert der Biologie wird daher – wenn überhaupt die menschliche Spezies die Pubertätskrisen ihrer Mündigwerdung heil übersteht – notwendig ein Jahrhundert der Religion folgen. Die einzelnen Konfessionen werden in diesem Wandlungsprozeß zur pluralistischen, mündigen menschlichen Gesellschaft als Mittel und Wege gelten, das Ziel aber wird das stille Credo des je einzelnen sein, der seine Nation und Rasse wie seine Konfession und seine Moral mit einbringt in eine Gemeinschaft, die ihre Bestimmung und ihren Wert von jenseits ihrer Grenzen erhofft.

Weitere Veröffentlichungen von Christa Meves

Mut zum Erziehen
6. Auflage, Furche-Verlag

Die Schulnöte unserer Kinder
5. Auflage, Furche-Verlag

Erziehen lernen in tiefenpsychologischer Sicht
4. Auflage, Bayerischer Schulbuchverlag

Verhaltensstörungen bei Kindern
4. Auflage, Piper Verlag

Ermutigung zum Leben
3. Auflage, Kreuz-Verlag

Erziehen und Erzählen
4. Auflage, Kreuz-Verlag

Ich reise für die Zukunft
2. Auflage, Verlag Herder

Ich will leben
2. Auflage, Verlag Weißes Kreuz

Ninive darf nicht untergehen
Verlag Weißes Kreuz

Wer paßt zu mir?
Verlag Weißes Kreuz

Weitere Veröffentlichungen von
Joachim Illies

Adams Handwerk
Furche-Verlag

Noahs Arche
Kosmos Verlag

Die Affen und wir
Rowohlt-Taschenbuchverlag

Zoologie des Menschen
2. Auflage, Piper Verlag

Feigenblatt und Lorbeer
Verlag Schünemann

Hoffnung auf die Naturwissenschaft?
Verlag Die Waage

Anthropologie des Tieres
Piper Verlag

Nicht Tier, nicht Engel
Texte und Thesen Band Nr. 59
Verlag A. Fromm

A. Portmann · J. Gebser · J. Bachofen
Texte und Thesen Nr. 67
Verlag A. Fromm